高等职业教育信息安全技术应用专业系列教材

# Linux 操作系统安全配置

主　编　李建新　吴敏君

副主编　胡丽英　虞菊花

西安电子科技大学出版社

# 内 容 简 介

　　本书采用项目任务的编写方式，共包括网络基础与网络安全、文件系统安全配置、账户与登录安全配置、防火墙安全配置、文件共享安全配置、Web 服务安全配置、FTP 服务安全配置、MySQL 服务安全配置和 VPN 服务安全配置等 9 个项目。每个项目都包含一个典型的岗位任务，分别涵盖了 Linux 网络命令、dm-crypt、GRUB 保护密码、iptables、Samba、httpd、FTP、MySQL、VPN 等网络安全运维方面的知识要点；每个任务又分为实践目标、应用需求、需求分析和解决方案等 4 个环节。

　　通过对本书的学习，读者可以将 Linux 操作系统、网络安全运维的理论与实践相结合，理解典型网络服务的应用场景、安全选项配置、相关风险的防护措施，从而提高网络服务安全运行的保障能力。

　　本书配套有微课视频、课程标准、教学设计、授课 PPT 和习题答案等数字化学习资源。

　　本书可作为高等职业教育信息安全技术应用等相关专业的教材，也可作为网络信息安全行业从业人员的自学参考书。

**图书在版编目(CIP)数据**

Linux 操作系统安全配置 / 李建新，吴敏君主编. --西安：西安电子科技大学出版社，2024.5
(2024.11 重印)
ISBN 978 - 7 - 5606 - 7257 - 1

Ⅰ. ①L…　　Ⅱ. ①李… ②吴…　　Ⅲ. ①Linux 操作系统—高等职业教育—教材　　Ⅳ. ①TP316.85

中国国家版本馆 CIP 数据核字(2024)第 070343 号

策　　划　高　樱
责任编辑　高　樱
出版发行　西安电子科技大学出版社（西安市太白南路 2 号）
电　　话　(029)88202421　88201467　　　邮　　编　710071
网　　址　www.xduph.com　　　　　　　电子邮箱　xdupfxb001@163.com
经　　销　新华书店
印刷单位　陕西精工印务有限公司
版　　次　2024 年 5 月第 1 版　　　2024 年 11 月第 2 次印刷
开　　本　787 毫米×1092 毫米　1/16　　　印张　12
字　　数　278 千字
定　　价　35.00 元
ISBN 978 - 7 - 5606 - 7257 - 1
XDUP 7559001 -2

＊＊＊ 如有印装问题可调换 ＊＊＊

# 前言

**PREFACE**

随着互联网的普及，提高 Linux 操作系统的安全性也变得尤为重要。为了提高 Linux 操作系统的安全性，系统管理员需要在多个方面进行配置，包括用户权限、密码策略、网络防火墙以及文件系统访问权限等，旨在防止未经授权的访问、恶意攻击和数据泄露。通过合理的配置和管理，可以最大限度地减少潜在漏洞，从而提高系统的安全性，保证系统在各种业务中的稳定运行。

本书针对网络安全运维岗位的能力需求进行编写，全书共 9 个项目，项目内容由系统配置到服务配置，各项目的应用实践设计由简单到复杂，便于读者逐步理解和掌握。

项目 1 介绍了 Linux 操作系统的网络配置方式，包括命令行方式、修改配置文件方式以及图形用户接口方式，还介绍了常见网络诊断工具的使用。

项目 2 介绍了 fdisk 和 parted 等分区工具的使用、文件系统的建立、文件权限的设置、磁盘配额的使用以及加密文件系统的配置。

项目 3 介绍了账户的管理以及登录的安全配置，包括账户密码策略、账户的锁定和解锁以及 GRUB 保护密码的设置。

项目 4 针对包过滤防火墙介绍了 iptables 防火墙的架构、数据包的传输过程、典型 iptables 命令的使用以及使用 NAT 技术防护企业内部服务器的方法。

项目 5 介绍了共享文件系统 Samba 的安全设置，包括 Samba 用户的建立、共享文件夹权限的设置、客户端访问共享文件夹的方法。

项目 6 介绍了基于 SSL 的 Web 服务配置，包括 SSL 的工作流程、OpenSSL 命令的使用、数字证书的签发以及 Apache 服务器的访问控制。

项目 7 介绍了 FTP 服务的安全配置，包括 FTP 的连接类型、工作模式、传输模式以及常见的匿名、本地和虚拟用户认证方式。

项目 8 介绍了 MySQL 数据库的实用程序、用户权限管理的配置、手工与自动备份和恢复数据库的方法。

项目 9 介绍了 VPN 的应用场景、网络地址的规划、账户文件的管理以及连接参数的配置。

本书由常州信息职业技术学院的李建新、吴敏君任主编，胡丽英、虞菊花任副主编，具体编写分工为：项目 1 至项目 5 由李建新编写，项目 6 和项目 7 由吴敏君编写，项目 8 由胡丽英编写，项目 9 由虞菊花编写。

感谢常州微末信息科技有限公司的技术支持。

由于编者水平有限，书中难免存在不足之处，恳请广大读者批评指正。

本书主编的电子邮箱为 8733797@qq.com。

李建新
2024 年 1 月

# 目　录

CONTENTS

# 项目 1　网络基础与网络安全

## 学习目标

本项目主要介绍 Linux 网络的基础概念，Linux 系统下 TCP/IP 网络接口的配置，并讨论目前 Linux 服务器面临的安全威胁及对策等。

## 1.1　Linux 网络协议

网络中的计算机之间要相互通信，首先需要共同遵守一个统一的规则，即网络协议。TCP/IP 协议是目前国际互联网中普遍使用的网络协议。除了网络协议，还需要正确配置 IP 地址、子网掩码等网络参数，计算机之间的通信才能正常进行。

### 1. TCP/IP 协议

TCP/IP 协议是计算机通信的一组协议，它由两个独立而又紧密结合的协议即 TCP (Transmission Control Protocol，传输控制协议)和 IP(Internet Protocol，互联网协议)组成。TCP 属于 TCP/IP 参考模型中的传输层协议，它提供了可靠的数据报文传输服务和对上层应用的连接服务。IP 属于 TCP/IP 参考模型中的网络层协议，它是 TCP/IP 的心脏，用来提供关于数据传输以及传输到何处的信息。

### 2. IP 地址

IP 地址是互联网上每个网络接口的唯一标识，有了它，数据才能被准确地传输到目标位置。在 IPv4 版本中，IP 地址是一个 32 位的二进制数字，通常写成 4 个十进制数字，用"点分十进制"来表示，如 192.168.1.100。

IP 地址的格式为：IP 地址 = 网络地址 + 主机地址。

网络地址表示该主机所处的网段，同一网段的所有主机拥有相同的网络地址。网络地址是由互联网网络信息中心统一分配的，目的是保证网络地址的全球唯一性。

主机地址表示某个网段中的一个具体的网络接口，如计算机、路由器或其他网络设备的接口。主机地址由各个网络的系统管理员分配。

为了便于管理，IP 地址被分为以下 5 类：

(1) A 类：用于主机数目非常多的大型网络，这类网络数量少(只有 126 个)，但是每个网络可容纳主机的数量为 1677 万个。A 类地址中前 8 位为网络地址，后 24 位为主机地址，并且规定二进制的最高位为 0。

(2)  B 类：用于主机数目较多的中型网络，这类网络数量达 16 384 个，每个网络可以容纳主机的数量为 65 536 个。B 类地址中前 16 位为网络地址，后 16 位为主机地址，并且规定二进制的最高位为 10。

(3)  C 类：用于主机数目小于 255 的小型网络，这类网络数量最多，有 2 097 152 个。C 类地址中前 24 位为网络地址，后 8 位为主机地址，并且规定二进制的最高位为 110。

(4)  D 类：用于 IP 组播，通过组播可以将 IP 数据报一次发给多个主机。D 类地址规定二进制的最高位为 1110。

(5)  E 类：保留为将来使用。E 类地址规定二进制的最高位为 11110。

IP 地址的格式与主机地址范围如图 1-1 所示。

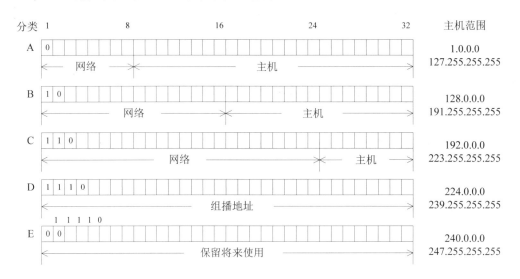

图 1-1   IP 地址的格式与主机范围

另外，还有一种专用 IP 地址，这类地址只在专用网络(私有网络)中使用，具体如下：

10.0.0.1～10.255.255.254

172.16.0.1～172.31.255.254

192.168.0.1～192.168.255.254

### 3. 子网与子网掩码

划分子网是指将主机地址的一部分借用为网络地址，这样可以把一个较大的网络划分为多个较小的网络，较小的网络即子网。由此可见，子网是基于一组相关 IP 地址的逻辑网络。

子网掩码是一个由 32 位二进制数字表示的地址，用于屏蔽 IP 地址的一部分以区分网络地址和主机地址。在 TCP/IP 网络中，子网掩码不能单独存在，它必须结合 IP 地址一起使用。主机通信时可以根据 IP 地址和子网掩码来判断目标主机是否位于同一子网内。标准 IP 地址默认使用的子网掩码如表 1-1 所示。

表 1-1　标准 IP 地址默认使用的子网掩码

| 分　类 | 十进制表示的子网掩码 | 二进制表示的子网掩码 |
|---|---|---|
| A | 255.0.0.0 | 11111111 00000000 00000000 00000000 |
| B | 255.255.0.0 | 11111111 11111111 00000000 00000000 |
| C | 255.255.255.0 | 11111111 11111111 11111111 00000000 |

**4. 端口**

在 Internet 上，各主机之间通过 TCP/IP 协议发送和接收数据报，各个数据报根据目的主机的 IP 地址来进行互联网络中的路由选择。但是，当多个应用程序在同一个主机上运行时，目的主机必须通过一种方法来确定应该把接收到的数据报传送给众多同时运行的程序中的某一个，这就需要用到端口(Port)。

在 TCP/IP 网络中，TCP 和 UDP(User Datagram Protocol，用户数据报协议)都使用端口来标示应用程序，分别称为 TCP 端口和 UDP 端口。每个协议端口由一个非负整数表示(0~65 535)，如 80、139、45 等。当目的主机接收到数据报后，将根据报文首部的目的端口号，把数据发送到相应端口，而与此端口相对应的那个程序将会领取数据并等待下一组数据的到来。不仅接收数据报的程序需要开启它自己的端口，发送数据报的进程也需要开启端口，这样数据报中将会标示有源端口，以便接收方能顺利地回传数据报到这个端口。常见的网络服务默认使用的端口号如表 1-2 所示。

表 1-2　常见的网络服务默认使用的端口号

| 协　议 | 描　　述 | 使用的端口号 |
|---|---|---|
| HTTP | 超文本传输协议，传输 Web 页面 | 80 |
| HTTPS | 经过加密的 HTTP | 443 |
| FTP | 文件传输协议 | 21 |
| DNS | 域名系统，用于域名解析 | 53 |
| SMTP | 简单邮件传输协议，用于发送邮件 | 25 |
| POP3 | 邮局协议，用于接收协议 | 110 |
| SSH | 经过加密的远程安全 Shell | 22 |
| Telnet | 明文方式连接的远程终端服务 | 23 |

在 Linux 系统中，端口号是由/etc/servers 文件所定义的。大于 1024 的端口号用于端口的动态分配，动态分配端口并不是预先分配的，而是在必要时才能将它们分配给进程。系统不会将同一个端口号赋予两个进程，而且赋予的端口号大于 1024。一个 IP 地址和一个端口号组成一个套接字(Socket)，它为进程之间的通信提供了方法。一个套接字可以唯一地标识整个网络的一个网络进程；一对套接字(一个用于接收主机，一个用于发送主机)可以定义面向连接协议的一次连接。

TCP/IP 模型中各层与各互联设备的对应关系如表 1-3 所示。

表 1-3　TCP/IP 模型中各层与各互联设备的对应关系

| OSI | TCP/IP | TCP/IP 协议 | 互联设备 | 地址类型 | 数据单位 |
|---|---|---|---|---|---|
| 应用层 | 应用层 | Telnet、FTP、DNS、NFS、HTTP | — | 主机名 | 数据(Data) |
| 表示层 | | | | | |
| 会话层 | | | | | |
| 传输层 | 传输层 | TCP、UDP | | 端口号 | 段(Segment) |
| 网络层 | 网络层 | IP、ICMP | 路由器 | IP 地址 | 包(Packet) |
| 数据链路层 | 网络接口层 | Ethernet | 网卡、网桥、交换机 | 物理地址 | 帧(Frame) |
| 物理层 | | | 光纤、网线、集线器、中继器 | | 位(Bit) |

# 1.2　Linux 网络配置

网络配置是Linux操作系统连接网络的必要设置，它使系统能够顺畅地进行网络通信。其配置方法有使用命令行工具、修改配置文件和使用 GUI 工具三种。

## 1.2.1　使用命令行工具配置网络

Linux 中用于配置网络的命令有很多，如 ifconfig、ifup、ifdown、systemctl、hostname、hostnamectl、route、nmcli 等。下面详细介绍这些命令的使用。

### 1. ifconfig 命令

ifconfig 命令用于配置网络接口。如果计算机使用的是单网卡，那么使用 ifconfig 命令会看到两个网卡接口：以太网卡 ens33 和回环设备 lo(loopback)。

【例 1-1】　在 shell 提示符下输入 infonfig 命令，可查看当前系统中活动的网络接口的配置信息，如图 1-2 所示。

图 1-2　使用 ifconfig 命令查看网络设备信息

在 ens33 和 lo 两个网络接口的配置信息中，第 1 行显示的是网络设备的状态，包括是否活动(UP)、最大传输单元(Maximum Transmission Unit,MTU);第 2 行显示的是本机的 IPv4 地址、广播地址以及子网掩码,第 3 行显示的是本机的 IPv6 地址;第 4 行主要显示的是网卡的介质访问控制(Media Access Control,MAC),这是由网络设备厂商指定的全球唯一的地址;后几行的内容是对网络通信情况的统计,其中 RX 和 TX 分别表示接收和发送的数据包。

【例 1-2】  如果只想查看某个设备的配置信息,如 ens33,则可在 shell 提示符下输入 ifconfig ens33 命令,如图 1-3 所示。

图 1-3    使用 ifconfig ens33 命令查看 ens33 设备信息

【例 1-3】  若要为 ens33 设置 IP 地址和子网掩码,则在 shell 提示符下输入以下命令:

[root@localhost ~]#ifconfig ens33 192.168.8.109 netmask 255.255.255.0

【例 1-4】  若要激活网卡 ens33,则在 shell 提示符下输入以下命令:

[root@localhost ~]#ifconfig ens33 up

### 2. ifup 和 ifdown 命令

ifup 命令用于激活不活动的网络连接,其命令格式如下:

ifup [网络接口名称]

ifdown 命令用于禁用指定的网络连接,其命令格式如下:

ifdown [网络接口名称]

### 3. systemctl 命令

systemctl 命令用于管理和控制系统上的服务,当用于管理网络服务时,其命令格式如下:

systemctl start | stop | restart | status network

命令中各选项的含义如下:

- start:启动网络连接。
- stop:停止网络连接。
- restart:重新启动网络连接。
- status:查看网络连接状态。

【例 1-5】  在 shell 提示符下输入 systemctl restart network 命令,可重启网络连接,如图 1-4 所示。

图 1-4    使用 systemctl restart network 命令重启网络服务

### 4. hostname 命令

hostname 命令用来显示和设置主机名称。直接使用 hostname 命令可以显示主机的名称。如果要修改主机的名称，则需要在 hostname 命令后面加上新的主机名，该修改方式为临时有效，在计算机重启后会失效。其具体格式如下：

hostname 主机名

### 5. hostnamectl 命令

hostnamectl 命令用来显示和设置主机名称。直接使用 hostnamectl 命令可以显示主机的名称。如果要修改主机的名称，则需要在 hostnamectl 命令后面加上 set-hostname 参数，该修改方式为永久有效，在计算机重启后也不会失效。其具体格式如下：

hostnamectl set-hostname 主机名

### 6. route 命令

route 命令用于显示和设置路由信息，其格式如下：

route add | del 目标 子网掩码 网关 dev 网络接口

其中，add 用于添加路由项，del 用于删除指定的路由项。在使用 add 或 del 的同时还需要使用 -net 和 -host 选项，用来指明要到达的目标是一个子网还是单个主机。

**【例 1-6】** 要到达子网 192.168.7.0，需要通过网络接口 ens33 并经过网关 192.168.8.1 转发，则可以通过以下命令来设置路由项：

[root@localhost ~]#route add -net 192.168.7.0 netmask 255.255.255.0 gw 192.168.8.1 dev ens33

在 shell 提示符下，添加和删除网关 192.168.8.1 的操作如图 1-5 和图 1-6 所示。

```
root@localhost:~
文件(F) 编辑(E) 查看(V) 搜索(S) 终端(T) 帮助(H)
[root@localhost ~]# route add -net 192.168.7.0 netmask 255.255.255.0 gw 192.168.8.1 dev ens33
[root@localhost ~]# route
Kernel IP routing table
Destination     Gateway         Genmask         Flags Metric Ref    Use Iface
default         gateway         0.0.0.0         UG    100    0        0 ens33
192.168.7.0     gateway         255.255.255.0   UG    0      0        0 ens33
192.168.8.0     0.0.0.0         255.255.255.0   U     100    0        0 ens33
192.168.122.0   0.0.0.0         255.255.255.0   U     0      0        0 virbr0
[root@localhost ~]# 
```

图 1-5 添加网关

```
root@localhost:~
文件(F) 编辑(E) 查看(V) 搜索(S) 终端(T) 帮助(H)
[root@localhost ~]# route del -net 192.168.7.0 netmask 255.255.255.0 gw 192.168.8.1 dev ens33
[root@localhost ~]# route
Kernel IP routing table
Destination     Gateway         Genmask         Flags Metric Ref    Use Iface
default         gateway         0.0.0.0         UG    100    0        0 ens33
192.168.8.0     0.0.0.0         255.255.255.0   U     100    0        0 ens33
192.168.122.0   0.0.0.0         255.255.255.0   U     0      0        0 virbr0
[root@localhost ~]# 
```

图 1-6 删除网关

**【例 1-7】** 要设置默认网关为 192.168.1.254，则可以通过以下命令来设置路由项：

[root@localhost ~]#route add default gw 192.168.1.254

### 7. nmcli 命令

在 CentOS 7 版本中，默认使用 NetworkManager 守护进程来监控和管理网络设置。nmcli 是命令行管理 NetworkManager 的工具，它会自动把配置写到 /etc/sysconfig/network-scripts/

目录下面。

在 CentOS 7 中，对网络的配置是基于连接会话(connection)的，一个网卡可以有多个会话，但同一时间只允许一个会话处于激活(active)状态。

【例 1-8】　为 ens33 网卡创建名为 auto 的会话，并将其设置为自动获取 IP 地址的配置，其命令如下：

> [root@localhost ~]#nmcli connection add con-name auto ifname ens33 type ethernet ipv4.method auto
>
> [root@localhost ~]#nmcli connection up auto

【例 1-9】　为 ens33 网卡创建名为 static 的会话，并对其手工设置 IP 地址、网关与 DNS 信息，其命令如下：

> [root@localhost ~]#nmcli connection add con-name static ifname ens33 type ethernet ipv4.addresses
> 192.168.8.107/24 ipv4.method manual ipv4.gateway 192.168.8.1 ipv4.dns 114.114.114.114
>
> [root@localhost ~]# nmcli connection up static

执行以上命令，结果如图 1-7 所示。

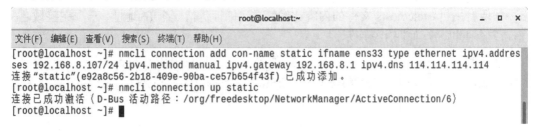

图 1-7　使用 nmcli 命令设置 IP 地址

### 1.2.2　通过修改配置文件配置网络

在 Linux 中，有关 TCP/IP 网络的配置是存储在一些文本文件中的，通过修改这些文件可以达到配置网络的目的。

#### 1. /etc/sysconfig/network-script/ifcfg-ens33 文件

/etc/sysconfig/network-script/ifcfg-ens33 文件用来配置网络接口 ens33。该文件内容如图 1-8 所示，其中各选项及其含义如表 1-4 所示。

图 1-8　ifcfg-ens33 配置文件

表 1-4    ifcfg-ens33 配置文件的选项及其含义

| 选    项 | 含    义 |
|---------|---------|
| DEVICE | 网络接口的名称 |
| BOOTPROTO | 设置获取 IP 地址的方式，选项包括 static、bootp、dhcp、none |
| ONBOOT | 启动时是否激活网卡，选项包括 yes 和 no |
| IPADDR | 该网络接口的 IP 地址 |
| PREFIX | 子网掩码中网络位的个数 |
| GATEWAY | 网关 |

### 2. /etc/hosts 文件

/etc/hosts 文件是保存主机名和 IP 地址映射的静态文件，用于本地的名称解析，是域名系统(Domain Name System，DNS)的前身。如果网络中没有 DNS 且网络规模不大，则可采用这种解析方式，将所有主机名称和 IP 地址的映射信息写入该文件，然后将该文件发给网络中的所有主机。/etc/hosts 文件的内容比较简单，每行包括一个 IP 地址、一个完整域名(可选)和一个主机名，如图 1-9 所示。

图 1-9    hosts 配置文件

### 3. /etc/host.conf 文件

/etc/host.conf 文件用来指定如何解析主机名，该文件内容如图 1-10 所示，其中各选项及其含义如表 1-5 所示。

图 1-10    host.conf 配置文件

表 1-5    host.conf 配置文件的选项及其含义

| 选    项 | 含    义 |
|---------|---------|
| order | 设置主机名称解析的方法及顺序，包括 hosts(使用 /etc/hosts 文件解析)、bind(使用 DNS 解析) |
| multi | 设置是否从 /etc/hosts 文件中返回主机的多个 IP 地址，选项包括 on 和 off |

### 4. /etc/resolv.conf 文件

/etc/resolv.conf 文件用来设置与名称解析有关的信息，其内容如图 1-11 所示，其中各选项及其含义如表 1-6 所示。

图 1-11　resolv.conf 配置文件

**表 1-6　resolv.conf 配置文件的选项及其含义**

| 选　项 | 含　义 |
| --- | --- |
| nameserver | 设置域名服务器的 IP 地址，可以有多行，每行指明一个 |
| search | DNS 搜索路径，也就是解析不完整的名称时默认的附加域名后缀 |
| domain | 设置主机的本地域名 |

## 1.2.3　使用 GUI(图形用户接口)工具配置网络

在 CentOS 7 中，可以通过图形用户接口工具来配置网络。先通过系统主菜单来启动该工具，然后配置网络。其具体操作步骤如下：

(1) 单击面板上的主菜单，在打开的主菜单中单击【系统工具】→【设置】→【网络】菜单项，打开如图 1-12 所示的网络窗口，可以看到已有的网络接口设备。

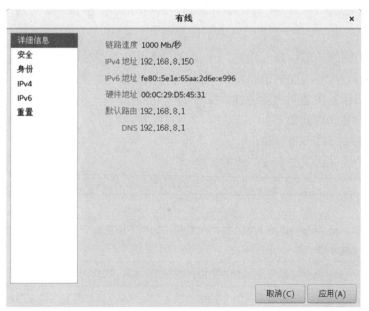

图 1-12　网络配置窗口

(2) 选中网络设备接口，单击配置齿轮按钮，打开【有线】对话框，选择【IPv4】。如果网络中存在 DHCP，则在【地址】中选择【自动(DHCP)】；如果需要手动设置，则选择【手动】。然后在【地址】文本框中输入 IP 地址，在【子网掩码】文本框中输入子网掩码，在【网关】文本框中输入默认网关，在【DNS】文本框中输入 DNS 服务器的地址。采用手动设置的窗口如图 1-13 所示。

图 1-13　手动配置网络的窗口

(3) 单击【应用】按钮使设置生效。

### 1.2.4　Linux 网络诊断

Linux 中常用的网络诊断工具主要有 ping、traceroute 以及 netstat 等命令。

1. ping 命令

ping 命令是网络诊断中最常用的一个工具，使用该命令时通过 ICMP (Internet Control Message Protocol，互联网控制消息协议)发送数据包给目标主机，并根据接收到的回应信息测试该主机与目标主机之间的连通性。

ping 命令的基本格式如下：

ping [选项] 目标主机的 IP

其常用选项及其含义如表 1-7 所示。

表 1-7　ping 命令的常用选项及其含义

| 选　项 | 含　　义 |
| --- | --- |
| -c | 指定 ping 命令发出的 ICMP 数据包数量，如果不指定将会不停地发送，直到使用【Ctrl + C】组合键中止命令 |
| -i | 指定 ping 命令发出每个 ICMP 数据包的时间间隔，默认为 1 秒 |
| -s | 指定 ping 命令发出每个 ICMP 数据包的大小，默认为 64 字节，最大为 65 507 字节 |
| -t | 设置生存时间 TTL |

【例 1-10】 在 shell 提示符下输入 ping -c 5 192.168.8.1 命令，测试与主机 192.168.8.1 的连接情况，如图 1-14 所示。

```
                        root@localhost:~                    _  □  ×
文件(F)  编辑(E)  查看(V)  搜索(S)  终端(T)  帮助(H)
[root@localhost ~]# ping -c 5 192.168.8.1
PING 192.168.8.1 (192.168.8.1) 56(84) bytes of data.
64 bytes from 192.168.8.1: icmp_seq=1 ttl=128 time=0.404 ms
64 bytes from 192.168.8.1: icmp_seq=2 ttl=128 time=0.179 ms
64 bytes from 192.168.8.1: icmp_seq=3 ttl=128 time=0.116 ms
64 bytes from 192.168.8.1: icmp_seq=4 ttl=128 time=0.126 ms
64 bytes from 192.168.8.1: icmp_seq=5 ttl=128 time=0.137 ms

--- 192.168.8.1 ping statistics ---
5 packets transmitted, 5 received, 0% packet loss, time 4001ms
rtt min/avg/max/mdev = 0.116/0.192/0.404/0.108 ms
[root@localhost ~]#
```

图 1-14   使用 ping 命令测试连通性

2. traceroute 命令

traceroute 命令用来跟踪本地与远程主机之间的 UDP 数据报，并根据接收到的回应信息判断网络故障可能存在的位置。使用 traceroute 命令向目标主机发送 UDP 数据报，并为数据报设置一个较小的 TTL 值，路由器收到数据报时会将 TTL 减 1。当 TTL 为 0 时，路由器会将数据报丢弃，并向源主机发送一个 ICMP 消息。traceroute 命令在发送数据报时以组为单位，每组 3 个 UDP 数据报，每组数据报的 TTL 值由 1、2、3……的形式递增，这样路由器会依次回应信息，如果某个路由器在 5 秒内没有回应，则显示为"*"号，表示该路由器没有在规定时间内响应对它的探测。这样就可以根据返回的信息来判断网络故障可能发生的位置。

【例 1-11】在 shell 提示符下输入 traceroute -m 3 218.2.135.1 命令，测试与主机 218.2.135.1 的路由情况，如图 1-15 所示。

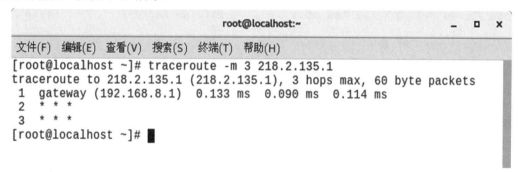

```
                        root@localhost:~                    _  □  ×
文件(F)  编辑(E)  查看(V)  搜索(S)  终端(T)  帮助(H)
[root@localhost ~]# traceroute -m 3 218.2.135.1
traceroute to 218.2.135.1 (218.2.135.1), 3 hops max, 60 byte packets
 1  gateway (192.168.8.1)  0.133 ms  0.090 ms  0.114 ms
 2  * * *
 3  * * *
[root@localhost ~]#
```

图 1-15   使用 traceroute 命令测试路由情况

3. netstat 命令

netstat 命令用来查看各种与网络相关的信息，包括网络的连接情况、接口的统计信息、路由表以及端口的监听情况等。

常见的网络连接情况(TCP 协议)如表 1-8 所示。

表 1-8    TCP 协议常见的网络连接情况

| 选 项 | 含 义 |
|---|---|
| ESTABLED | 已经建立连接 |
| SYN SENT | 尝试发出连接 |
| SYN RECV | 接收发出的连接 |
| TIME WAIT | 等待结束 |
| LISTEN | 监听 |

netstat 命令常用的选项及其含义如表 1-9 所示。

表 1-9    netstate 命令常用的选项及其含义

| 选 项 | 含 义 |
|---|---|
| -a | 显示所有监听和非监听的套接字 |
| -l | 仅列出在监听的服务状态 |
| -n | 显示内核路由表 |
| -s | 为所有协议显示统计信息 |

【例 1-12】    在 shell 提示符下，使用 netstat -t 命令查看当前 TCP 协议的连接情况，使用 netstat -l 和 netstat -ln 命令查看系统监听端口的情况，其结果分别如图 1-16～图 1-18 所示。

```
                                    root@localhost:~              _ □ ×
文件(F)  编辑(E)  查看(V)  搜索(S)  终端(T)  帮助(H)
[root@localhost ~]# netstat -t
Active Internet connections (w/o servers)
Proto Recv-Q Send-Q Local Address              Foreign Address          State

[root@localhost ~]# █
```

图 1-16    netstat -t 命令的执行结果

```
                                    root@localhost:~              _ □ ×
文件(F)  编辑(E)  查看(V)  搜索(S)  终端(T)  帮助(H)
[root@localhost ~]# netstat -l
Active Internet connections (only servers)
Proto Recv-Q Send-Q Local Address          Foreign Address      State
tcp      0      0 0.0.0.0:sunrpc          0.0.0.0:*            LISTEN
tcp      0      0 localhost.locald:domain 0.0.0.0:*            LISTEN
tcp      0      0 0.0.0.0:ssh             0.0.0.0:*            LISTEN
tcp      0      0 localhost:ipp           0.0.0.0:*            LISTEN
tcp      0      0 localhost:smtp          0.0.0.0:*            LISTEN
tcp6     0      0 [::]:sunrpc             [::]:*               LISTEN
```

图 1-17    netstat -l 命令的执行结果

```
                              root@localhost:~                              _ □ ×
文件(F)  编辑(E)  查看(V)  搜索(S)  终端(T)  帮助(H)
[root@localhost ~]# netstat -ln
Active Internet connections (only servers)
Proto Recv-Q Send-Q Local Address          Foreign Address         State
tcp       0      0 0.0.0.0:111            0.0.0.0:*               LISTEN
tcp       0      0 192.168.122.1:53       0.0.0.0:*               LISTEN
tcp       0      0 0.0.0.0:22             0.0.0.0:*               LISTEN
tcp       0      0 127.0.0.1:631          0.0.0.0:*               LISTEN
tcp       0      0 127.0.0.1:25           0.0.0.0:*               LISTEN
tcp6      0      0 :::111                 :::*                    LISTEN
```

图 1-18　netstat -ln 命令的执行结果

**4. nslookup 命令**

使用 nslookup 命令可以设置特定的 DNS 服务器地址，以便测试在该 DNS 服务器下的名称解析是否正常。nslookup 是一个交互式命令。

# 任务 1　Linux 基础网络配置

 **实践目标**

(1) 掌握使用 nmcli 命令配置网络的方法。
(2) 掌握网络连通性的测试方法。

通过命令配置
网络信息

**应用需求**

网络管理员小陈为企业规划了网络，由于公司规模较小，小陈决定采用 IP 地址静态配置的方式，使用 192.168.8.0/24 的网络。最终规划的企业网络拓扑结构如图 1-19 所示。

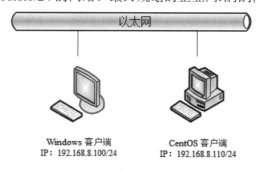

图 1-19　企业网络拓扑结构

 **需求分析**

由于采用静态地址分配的方式，CentOS 的主机 IP 地址为 192.168.8.110/24，网关地址为 192.168.8.1，DNS 地址为 114.114.114.114。配置 IP 地址后，还需要对网络的连通性进行测试。

**解决方案**

下面介绍配置网络与测试其连通性的步骤。

### 1. 创建名为 static 的会话

使用 nmcli 命令创建 static 会话，为网卡 ens33 设置的 IP 地址为 192.168.8.110，子网掩码为 255.255.255.0，网关为 192.168.8.1，DNS 为 114.114.114.114，如图 1-20 所示。

```
                              root@localhost:~                    _  □  ×
文件(F)  编辑(E)  查看(V)  搜索(S)  终端(T)  帮助(H)
[root@localhost ~]# nmcli connection add con-name static ifname ens33 type ethern
et ipv4.addresses 192.168.8.110/24 ipv4.method manual ipv4.gateway 192.168.8.1 ip
v4.dns 114.114.114.114
连接"static"(5ca7cc57-4343-4d93-b16d-0a1551b7cd85) 已成功添加。
[root@localhost ~]#
```

图 1-20　创建 static 会话

### 2. 激活 static 会话

使用 nmcli 命令激活名为 static 的会话，如图 1-21 所示。

```
                              root@localhost:~                    _  □  ×
文件(F)  编辑(E)  查看(V)  搜索(S)  终端(T)  帮助(H)
[root@localhost ~]# nmcli connection up static
连接已成功激活（D-Bus 活动路径：/org/freedesktop/NetworkManager/ActiveConnection/
17）
[root@localhost ~]#
```

图 1-21　激活 static 会话

### 3. 测试网关连通性

1）测试网关连通性

使用 ping 命令测试 CentOS 主机与网关 192.168.8.1 的网络连通性，如图 1-22 所示。

```
                              root@localhost:~                    _  □  ×
文件(F)  编辑(E)  查看(V)  搜索(S)  终端(T)  帮助(H)
[root@localhost ~]# ping 192.168.8.1
PING 192.168.8.1 (192.168.8.1) 56(84) bytes of data.
64 bytes from 192.168.8.1: icmp_seq=1 ttl=128 time=0.351 ms
64 bytes from 192.168.8.1: icmp_seq=2 ttl=128 time=0.530 ms
^C
--- 192.168.8.1 ping statistics ---
2 packets transmitted, 2 received, 0% packet loss, time 1001ms
rtt min/avg/max/mdev = 0.351/0.440/0.530/0.091 ms
[root@localhost ~]#
```

图 1-22　网关连通性测试

2) 测试 DNS 连通性

使用 ping 命令测试 CentOS 主机与 DNS 114.114.114.114 的网络连通性，如图 1-23 所示。

```
                              root@localhost:~                        _  □  ×
文件(F)  编辑(E)  查看(V)  搜索(S)  终端(T)  帮助(H)
[root@localhost ~]# ping 114.114.114.114
PING 114.114.114.114 (114.114.114.114) 56(84) bytes of data.
64 bytes from 114.114.114.114: icmp_seq=1 ttl=128 time=8.34 ms
64 bytes from 114.114.114.114: icmp_seq=2 ttl=128 time=8.64 ms
^C
--- 114.114.114.114 ping statistics ---
2 packets transmitted, 2 received, 0% packet loss, time 1001ms
rtt min/avg/max/mdev = 8.341/8.491/8.641/0.150 ms
[root@localhost ~]#
```

图 1-23　DNS 连通性测试

在测试上述的连通性后，再测试 DNS 服务器提供的服务。使用 nslookup 命令测试 www.qq.com 域名的解析情况是否正常，如图 1-24 所示。

```
                              root@localhost:~                        _  □  ×
文件(F)  编辑(E)  查看(V)  搜索(S)  终端(T)  帮助(H)
[root@localhost ~]# nslookup
> www.qq.com
Server:         114.114.114.114
Address:        114.114.114.114#53

Non-authoritative answer:
www.qq.com      canonical name = public-v6.sparta.mig.tencent-cloud.net.
Name:   public-v6.sparta.mig.tencent-cloud.net
Address: 61.151.166.146
Name:   public-v6.sparta.mig.tencent-cloud.net
Address: 61.151.166.139
>
```

图 1-24　域名解析测试

# 练　习　题

1. 静态主机名配置文件是(　　)。

A. /etc/httpd.conf　　　　　　　　　　B. /etc/resolv.conf

C. /etc/hosts　　　　　　　　　　　　 D. /etc/hostname

2. nmcli 命令中，type 后面应该跟(　　)。

A. 会话名　　　　　　　　　　　　　　B. 网卡类型

C. 网卡名　　　　　　　　　　　　　　D. IP 地址

3. 下列选项中可以用来测试网络连通性的是(　　)。

A. systemctl　　　　　　　　　　　　 B. ping

C. heihei D. yum

4. 网卡配置文件位于( )文件夹下。

A. /etc/sysconfig/ B. /var/log/

C. /etc/sysconfig/network-scripts/ D. /etc/sysconfig/seLinux

5. 启用网卡会话的命令是 nmcli connection( )。

A. reload B. show

C. load D. up

# 项目 2　文件系统安全配置

## 学习目标

本项目主要介绍 Linux 的文件系统安全、Linux 下磁盘的分区、文件系统的建立、文件权限的管理、磁盘配额的使用以及数据恢复的相关内容。

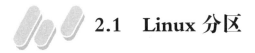

## 2.1　Linux 分区

由于文件系统是建立在磁盘分区基础上的，因此，在安装 CentOS 的过程中建立分区之后，需要对磁盘分区进行管理和维护。

在 CentOS 中，用来进行磁盘分区管理的工具有两个：fdisk 和 parted。这两个都是命令行工具，都可以用于查看现存的分区表、改变分区的大小、删除分区以及从空闲空间和附加的磁盘驱动器上添加分区等操作。

### 2.1.1　用 fdisk 工具进行分区管理

要使用 fdisk 工具进行分区管理，需要先启动 fdisk，其方法是以系统管理员的身份登录后在 shell 提示符下输入 fdisk /dev/sda 命令。命令中的"/dev/sda"为用户要配置的存储设备的名称。启动 fdisk 后，使用相关的命令可以进行相应的操作，其常用的选项及其含义如表 2-1 所示。

表 2-1　fdisk 命令常用的选项及其含义

| 选　项 | 含　义 |
|:---:|:---|
| a | 引导标志开关 |
| m | 显示 fdisk 命令的帮助信息 |
| l | 列出现有的分区类型 |
| p | 列出现有的分区表 |
| n | 建立一个分区 |
| t | 修改分区的系统 ID |
| d | 删除一个分区 |
| w | 保存更改并退出 |
| q | 不保存更改退出 |

【例 2-1】 使用 fdisk 命令，在 /dev/sda 磁盘上创建大小为 500 MB 的 /dev/sdb4 主分区，其具体操作步骤如下：

(1) 以管理员身份登录 Linux 后打开终端窗口，在 shell 提示符下输入 fdisk/dev/sda 命令启动 fdisk 工具，如图 2-1 所示。

图 2-1　启动 fdisk 命令

(2) 输入 p 命令列出现有分区表的信息，如图 2-2 所示。

```
                                    root@localhost:~           _  □  ✕
文件(F)  编辑(E)  查看(V)  搜索(S)  终端(T)  帮助(H)
命令(输入 m 获取帮助 ): p

磁盘 /dev/sda: 21.5 GB, 21474836480 字节, 41943040 个扇区
Units = 扇区 of 1 * 512 = 512 bytes
扇区大小 (逻辑/物理 ): 512 字节 / 512 字节
I/O 大小 (最小/最佳 ): 512 字节 / 512 字节
磁盘标签类型 : dos
磁盘标识符 : 0x0006518f

   设备 Boot       Start         End      Blocks   Id  System
/dev/sda1    *       2048     1026047      512000   83  Linux
/dev/sda2         1026048    36677631    17825792   83  Linux
/dev/sda3        36677632    40871935     2097152   82  Linux swap / Solaris

命令(输入 m 获取帮助 ):
```

图 2-2　显示分区表信息

(3) 使用 n 命令创建 /dev/sda4 分区，其类型为 primary partition(主分区)，选择默认起始柱面，结束柱面为【+500M】，如图 2-3 所示。

```
                                    root@localhost:~           _  □  ✕
文件(F)  编辑(E)  查看(V)  搜索(S)  终端(T)  帮助(H)
命令(输入 m 获取帮助 ): n
Partition type:
   p   primary (3 primary, 0 extended, 1 free)
   e   extended
Select (default e): p
已选择分区 4
起始扇区 (40871936-41943039, 默认为 40871936):
将使用默认值 40871936
Last 扇区, +扇区 or +size{K,M,G} (40871936-41943039, 默认为 41943039): +500M
分区 4 已设置为 Linux 类型, 大小设为 500 MiB

命令(输入 m 获取帮助 ):
```

图 2-3　创建 sda4 分区

(4) 输入 p 命令列出现有分区表的信息，能够查看到 /dev/sda4 分区，如图 2-4 所示。

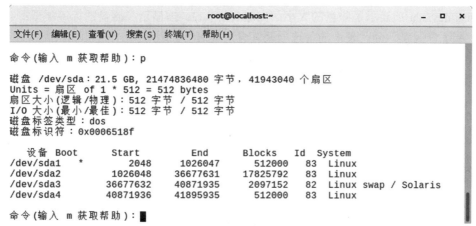

图 2-4　显示分区表信息

(5) 完成后，使用 w 命令保存结果并退出，如图 2-5 所示。如果不想保存，则可通过 q 命令直接退出。

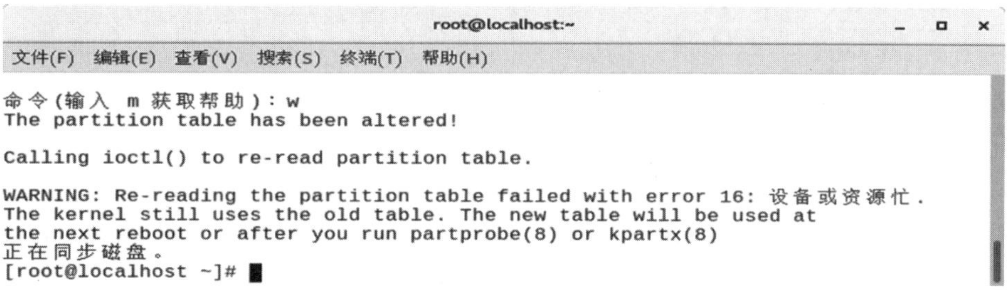

```
命令(输入 m 获取帮助): w
The partition table has been altered!

Calling ioctl() to re-read partition table.

WARNING: Re-reading the partition table failed with error 16: 设备或资源忙.
The kernel still uses the old table. The new table will be used at
the next reboot or after you run partprobe(8) or kpartx(8)
正在同步磁盘.
[root@localhost ~]#
```

图 2-5　保存分区表

## 2.1.2　使用 parted 工具进行分区管理

要使用 parted 工具进行分区管理，需要先启动 parted，其方法是以系统管理员的身份登录后在 shell 提示符下输入 parted /dev/sda 命令。命令中的 "/dev/sda" 为用户要配置的存储设备的名称。启动 parted 后，可输入 print 命令来查看分区表，如图 2-6 所示。

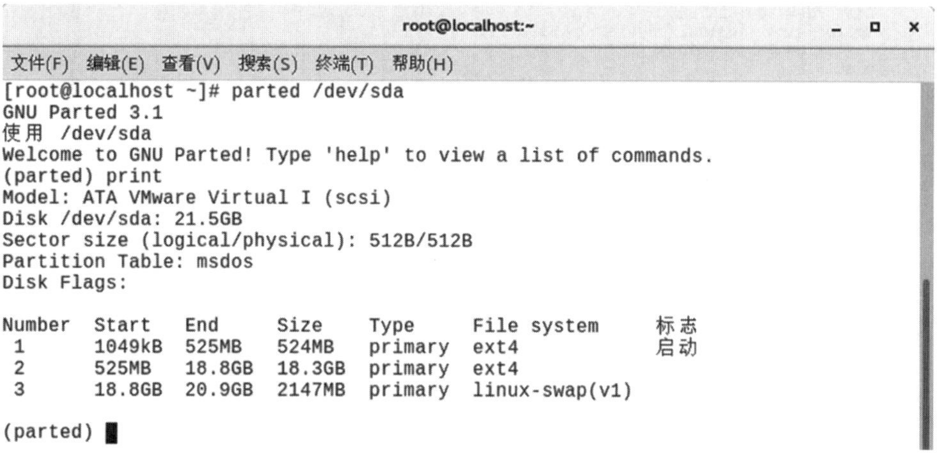

```
[root@localhost ~]# parted /dev/sda
GNU Parted 3.1
使用 /dev/sda
Welcome to GNU Parted! Type 'help' to view a list of commands.
(parted) print
Model: ATA VMware Virtual I (scsi)
Disk /dev/sda: 21.5GB
Sector size (logical/physical): 512B/512B
Partition Table: msdos
Disk Flags:

Number  Start    End     Size    Type     File system      标志
1       1049kB   525MB   524MB   primary  ext4             启动
2       525MB    18.8GB  18.3GB  primary  ext4
3       18.8GB   20.9GB  2147MB  primary  linux-swap(v1)

(parted)
```

图 2-6　查看分区表

Disk/dev/sda 项显示了磁盘的大小；Partition Table 项显示了磁盘的标签类型；剩余的输出显示了分区表。分区表中的各选项及其含义如表 2-2 所示。

表 2-2 分区表中的各选项及其含义

| 选 项 | 含 义 |
| --- | --- |
| Number | 分区号码 |
| Start 和 End | 标记分区开始与结束的位置，以 MB 为单位 |
| Type | 分区类型，primary、extended、logical 中的一个 |
| File system | 文件系统的类型 |
| (标志)Flags | 列出了分区被设置的标准，如 boot、root、swap、hidden、raid、lvm 或 lba |

【例 2-2】 要在某个磁盘驱动器上从 20.9 GB 到 21.5 GB 创建一个文件系统为 ext4 的主分区，可以输入 mkpart primary ext4 20.9GB 21.5GB 命令，如图 2-7 所示。

```
                                    root@localhost:~                    _  □  ×
文件(F)  编辑(E)  查看(V)  搜索(S)  终端(T)  帮助(H)
(parted) mkpart primary ext4 20.9GB 21.5GB
(parted) print
Model: ATA VMware Virtual I (scsi)
Disk /dev/sda: 21.5GB
Sector size (logical/physical): 512B/512B
Partition Table: msdos
Disk Flags:

Number  Start    End      Size     Type      File system    标志
1       1049kB   525MB    524MB    primary   ext4           启动
2       525MB    18.8GB   18.3GB   primary   ext4
3       18.8GB   20.9GB   2147MB   primary   linux-swap(v1)
4       20.9GB   21.5GB   548MB    primary

(parted)
```

图 2-7 创建分区

如果要删除分区，则可以使用 rm 命令。例如，要删除 Number 为 4 的分区，可输入 rm 4 命令，如图 2-8 所示。

```
                                    root@localhost:~                    _  □  ×
文件(F)  编辑(E)  查看(V)  搜索(S)  终端(T)  帮助(H)
(parted) print
Model: ATA VMware Virtual I (scsi)
Disk /dev/sda: 21.5GB
Sector size (logical/physical): 512B/512B
Partition Table: msdos
Disk Flags:

Number  Start    End      Size     Type      File system    标志
1       1049kB   525MB    524MB    primary   ext4           启动
2       525MB    18.8GB   18.3GB   primary   ext4
3       18.8GB   20.9GB   2147MB   primary   linux-swap(v1)
4       20.9GB   21.5GB   548MB    primary

(parted) rm 4
(parted) print
Model: ATA VMware Virtual I (scsi)
Disk /dev/sda: 21.5GB
Sector size (logical/physical): 512B/512B
Partition Table: msdos
Disk Flags:

Number  Start    End      Size     Type      File system    标志
1       1049kB   525MB    524MB    primary   ext4           启动
2       525MB    18.8GB   18.3GB   primary   ext4
3       18.8GB   20.9GB   2147MB   primary   linux-swap(v1)

(parted)
```

图 2-8 删除分区

# 2.2　文　件　系　统

Linux 常用的文件系统类型有 xfs、ext4、swap、ReiserFS、JFS、VFAT 以及 NTFS 等。

(1) xfs。该文件系统是 SGI 公司开发的高级日志文件系统，它极具伸缩性，非常健壮，擅长处理大文件，是一个 64 位文件系统，单文件最大支持 8 EB。CentOS 7 默认采用该文件系统。

(2) ext4。该文件系统是 Linux 系统下的日志文件系统，单文件最大支持 23 TB 及无限数量的子目录。

(3) swap。该文件系统用于 Linux 的交换分区。在 Linux 中，它使用整个交换分区来提供虚拟内存，其分区大小一般是系统物理内存的 2 倍。

(4) ReiserFS。该文件系统是一种新型的文件系统，它通过完全平衡树结构来容纳数据，包括文件数据、文件名和日志支持。同时，该文件系统支持海量磁盘以及磁盘阵列，并且可以保持很快的搜索速度以及很高的效率。

(5) JFS。该文件系统是 IBM 公司提供的基于日志的字节级文件系统，它是为面向事务的高性能系统而开发的。

(6) VFAT。该文件系统是微软 Windows 操作系统使用的扩展 DOS(Disk Operating System，磁盘操作系统)文件系统，它提供了对长文件名的支持。

(7) NTFS。该文件系统是微软 Windows NT 系列操作系统所使用的文件系统，它支持文件权限、压缩、加密以及磁盘限额等功能。

## 2.2.1　建立 Linux 文件系统

前面已经介绍过使用 fdisk 工具创建分区，但在仅有分区没有文件系统的情况下，是不能直接使用磁盘的，因此还需要建立文件系统。下面介绍几个文件系统的相关命令。

### 1. mkfs

在磁盘分区上建立文件系统会冲掉分区上的数据，并且不可恢复，因此在建立文件系统之前要确认分区上的数据不再使用。建立文件系统的命令是 mkfs，其格式如下：

　　mkfs [参数选项] 磁盘分区

mkfs 命令常用的参数选项及其含义如表 2-3 所示。

表 2-3　mkfs 命令常用的参数选项及其含义

| 选　项 | 含　　　义 |
|---|---|
| -t | 指定要创建的文件系统类型 |
| -f | 强制覆盖写入 |

【例 2-3】　在 /dev/sda4 上建立 xfs 类型的文件系统，建立时检查磁盘坏道并显示详细信息，执行命令与结果如图 2-9 所示。

```
                                    root@localhost:~                    _  □  ✕
文件(F)  编辑(E)  查看(V)  搜索(S)  终端(T)  帮助(H)
[root@localhost ~]# mkfs -t xfs -f /dev/sda4
meta-data=/dev/sda4              isize=512    agcount=4, agsize=32000 blks
         =                       sectsz=512   attr=2, projid32bit=1
         =                       crc=1        finobt=0, sparse=0
data     =                       bsize=4096   blocks=128000, imaxpct=25
         =                       sunit=0      swidth=0 blks
naming   =version 2             bsize=4096   ascii-ci=0 ftype=1
log      =internal log          bsize=4096   blocks=855, version=2
         =                       sectsz=512   sunit=0 blks, lazy-count=1
realtime =none                  extsz=4096   blocks=0, rtextents=0
[root@localhost ~]# ▮
```

图 2-9    使用 mkfs 命令建立 xfs 文件系统

**2. fsck**

fsck 命令主要用于检查文件系统的正确性，并对 Linux 磁盘进行修复。fsck 命令的格式如下：

　　　　fsck [参数选项] 磁盘分区

fsck 命令常用的参数选项及其含义如表 2-4 所示。

表 2-4    fsck 命令常用的参数选项及其含义

| 选　项 | 含　　义 |
|---|---|
| -t | 给定文件系统类型，/etc/fstab 中已有定义或内核本身已支持的不需要添加此项 |
| -s | 一个一个地执行 fsck 命令进行检查 |
| -A | 对/etc/fstab 中所有列出来的分区进行检查 |
| -C | 显示完整的检查进度 |
| -d | 列出 fsck 的 debug (排错)结果 |
| -P | 在同时有-A 选项时，多个 fsck 的检查一起执行 |
| -a | 如果检查中发现分区错误，则自动修复分区 |
| -r | 如果检查中发现分区有错误，则询问是否修复分区 |

【例 2-4】 检查分区 /dev/sda4 上是否有错误，如果有错误，则自动修复，执行命令与结果如图 2-10 所示。

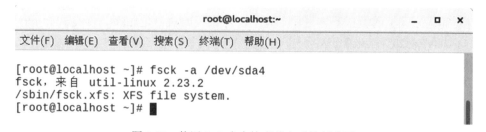

图 2-10    使用 fsck 命令检查并自动修复分区

**3. dd**

dd 命令用于将指定的输入文件拷贝到指定的输出文件上，并且在复制过程中可以进行格式转换。dd 命令的格式如下：

dd [<if=输入文件名/设备名>] [<of=输出文件名/设备名>] [bs=块字节大小] [count=块数]

下面通过建立和使用交换文件来讲解 dd 命令的使用方法。

当系统的交换分区不能满足系统的要求而磁盘上又没有可用空间时，可以使用交换文件来提供虚拟内存。首先输入 free -m 命令，可以查看当前交换分区的大小，如图 2-11 所示。

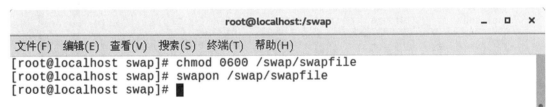

```
                                    root@localhost:~                    _  □  ×
文件(F)  编辑(E)  查看(V)  搜索(S)  终端(T)  帮助(H)
[root@localhost ~]# free -m
              total        used        free      shared  buff/cache   available
Mem:           1823         920          89          21         813         642
Swap:          2047           6        2041
[root@localhost ~]#
```

图 2-11　查看当前交换分区的大小

然后在 /swap 目录下建立了一个块大小为 600 字节、块数为 10 240、名称为 swapfile 的交换文件，该文件的大小为 600 × 10 240，即 6 144 000 字节。执行命令与结果如图 2-12 所示。

```
                                 root@localhost:/swap                   _  □  ×
文件(F)  编辑(E)  查看(V)  搜索(S)  终端(T)  帮助(H)
[root@localhost /]# mkdir swap
[root@localhost /]# cd swap
[root@localhost swap]# dd if=/dev/zero of=swapfile bs=600 count=10240
记录了10240+0 的读入
记录了10240+0 的写出
6144000字节 (6.1 MB)已复制，0.0218617 秒，281 MB/秒
[root@localhost swap]#
```

图 2-12　使用 dd 命令建立交换文件

建立 /swap 交换文件后，使用 mkswap 命令说明该文件用于交换空间。执行命令与结果如图 2-13 所示。

```
                                 root@localhost:/swap                   _  □  ×
文件(F)  编辑(E)  查看(V)  搜索(S)  终端(T)  帮助(H)
[root@localhost swap]# mkswap /swap/swapfile
正在设置交换空间版本 1，大小 = 5996 KiB
无标签，UUID=74759fdd-3afa-4d30-9c20-3d2cd239bb27
[root@localhost swap]#
```

图 2-13　使用 mkswap 命令建立交换空间

修改 swapfile 文件的权限后，使用 swapon 命令可以激活交换空间，如图 2-14 所示。然后再次查看交换分区的大小，如图 2-15 所示。

```
                                 root@localhost:/swap                   _  □  ×
文件(F)  编辑(E)  查看(V)  搜索(S)  终端(T)  帮助(H)
[root@localhost swap]# chmod 0600 /swap/swapfile
[root@localhost swap]# swapon /swap/swapfile
[root@localhost swap]#
```

图 2-14　激活交换分区

```
                                    root@localhost:/swap                    _   □   ×
文件(F)  编辑(E)  查看(V)  搜索(S)  终端(T)  帮助(H)
[root@localhost swap]# swapon /swap/swapfile
[root@localhost swap]# free -m
              total        used        free      shared  buff/cache   available
Mem:           1823         663         583          11         576         956
Swap:          2053           0        2053
[root@localhost swap]# █
```

图 2-15　再次查看交换分区

最后利用 swapoff 命令卸载被激活的交换空间，执行命令与结果如图 2-16 所示。

```
                                    root@localhost:/swap                    _   □   ×
文件(F)  编辑(E)  查看(V)  搜索(S)  终端(T)  帮助(H)
[root@localhost swap]# swapoff /swap/swapfile
[root@localhost swap]# █
```

图 2-16　卸载交换空间

### 4. df

df 命令用来查看文件系统的磁盘空间占用情况。可以利用该命令来查看磁盘被占用的空间和目前还剩余的空间等信息，还可以利用该命令来获得文件系统的挂载位置。

df 命令的格式如下：

　　df[参数选项]

df 命令常用的参数选项及其含义如表 2-5 所示。

表 2-5　df 命令常用的参数选项及其含义

| 选　项 | 含　　义 |
|---|---|
| -a | 显示所有文件系统的磁盘使用情况，包括 0 块的文件系统，如 /proc 文件系统 |
| -k | 以 KB 为单位显示磁盘空间占用情况 |
| -i | 显示 inode 信息 |
| -t | 显示各指定类型的文件系统的磁盘空间使用情况 |
| -x | 列出不是某一指定类型文件系统的磁盘空间使用情况(与 t 选项相反) |
| -T | 显示文件系统类型 |

【例 2-5】　列出各文件系统的占用情况及文件系统类型，执行的命令与结果分别如图 2-17、图 2-18 所示。

```
                                    root@localhost:~                        _   □   ×
文件(F)  编辑(E)  查看(V)  搜索(S)  终端(T)  帮助(H)
[root@localhost ~]# df
文件系统            1K-块         已用          可用   已用%  挂载点
/dev/sda2        17414928     5347016    11160240    33%  /
devtmpfs           919012           0      919012     0%  /dev
tmpfs              933512           0      933512     0%  /dev/shm
tmpfs              933512        9168      924344     1%  /run
tmpfs              933512           0      933512     0%  /sys/fs/cgroup
/dev/sda1          487634      145887      312051    32%  /boot
.host:/         976628732   906179124    70449608    93%  /mnt/hgfs
tmpfs              186704          16      186688     1%  /run/user/0
/dev/sda4          508580       25776      482804     6%  /mnt/data
[root@localhost ~]# █
```

图 2-17　列出文件系统占用情况

```
                          root@localhost:~                    _  □  ×
文件(F)  编辑(E)  查看(V)  搜索(S)  终端(T)  帮助(H)
[root@localhost ~]# df -Th
文件系统          类型        容量    已用   可用  已用%  挂载点
/dev/sda2        ext4        17G     5.1G   11G   33%   /
devtmpfs         devtmpfs    898M    0      898M  0%    /dev
tmpfs            tmpfs       912M    0      912M  0%    /dev/shm
tmpfs            tmpfs       912M    9.0M   903M  1%    /run
tmpfs            tmpfs       912M    0      912M  0%    /sys/fs/cgroup
/dev/sda1        ext4        477M    143M   305M  32%   /boot
.host:/          vmhgfs      932G    865G   68G   93%   /mnt/hgfs
tmpfs            tmpfs       183M    16K    183M  1%    /run/user/0
/dev/sda4        xfs         497M    26M    472M  6%    /mnt/data
[root@localhost ~]#
```

图 2-18   列出文件系统类型

**5. du**

du 命令用于显示磁盘空间的使用情况。使用该命令可逐级显示指定目录的每一级子目录占用文件系统数据块的情况。du 命令的格式如下：

　　　　du [参数选项] [name]

du 命令常用的参数选项及其含义如表 2-6 所示。

表 2-6   du 命令常用的参数选项及其含义

| 选　　项 | 含　　义 |
|---|---|
| -s | 对每个 name 参数只给出占用的数据块总数 |
| -a | 递归显示指定目录中各文件及子目录中各文件占用的数据块数 |
| -b | 以字节为单位列出磁盘空间的使用情况 |
| -k | 以 1024 字节为单位列出磁盘空间的使用情况 |
| -c | 在统计后加上一个总计 |
| -l | 计算所有文件的大小，对硬链接文件重复计算 |
| -x | 跳过在不同文件系统上的目录，不予统计 |

【例 2-6】　以字节为单位列出所有文件和目录的磁盘空间占用情况，执行命令与结果如图 2-19 所示。

```
                          root@localhost:~                    _  □  ×
文件(F)  编辑(E)  查看(V)  搜索(S)  终端(T)  帮助(H)
[root@localhost ~]# du -ab /mnt/hgfs
44408796        /mnt/hgfs/Share/sogou_pinyin_89b.exe
19675612        /mnt/hgfs/Share/wireshark-win32-1.4.8.exe
64088504        /mnt/hgfs/Share
64092696        /mnt/hgfs
[root@localhost ~]#
```

图 2-19   使用 du 命令列出所有文件和目录的磁盘空间占用情况

## 2.2.2　挂载文件系统

在磁盘上建立好文件系统之后，还需要把新建立的文件系统挂载到系统上才能使用，这个过程被称为挂载，文件系统所挂载到的目录被称为挂载点(Mount Point)。Linux 系统提供了 /mnt 和 /run/media 两个专门的挂载点。一般而言，挂载点应该是一个空目录，否则目录中原来的文件将被系统隐藏。通常将光盘挂载到 /run/media 中，其对应的设备文件名为 /dev/sr0。

文件系统的挂载，可以手动挂载，也可以在系统引导过程中自动挂载。

**1. 手动挂载文件系统**

1) mount

手动挂载文件系统的命令是 mount。该命令的语法格式如下：

    mount [-t vfstype] [-o options] device dir

命令中的相关选项介绍如下：

(1) [-t vfstype]项表示指定文件系统的类型，通常不必指定，mount 会自动选择正确的类型。常用的文件系统类型及其标识如表 2-7 所示。

表 2-7　常用的文件系统类型及其标识

| 文件系统类型 | 文件系统类型标识 |
| --- | --- |
| 光盘或光盘镜像 | iso9660 |
| DOS fat16 文件系统 | msdos |
| Windows 9x fat32 文件系统 | vfat |
| Windows NT ntfs 文件系统 | ntfs |
| Windows 文件网络共享 | nfs |
| UNIX(Linux)文件网络共享 | nfs |

(2) [-o options]项主要用来描述设备或档案的挂载方式。其常用的参数有：

- loop：用来把一个文件当成磁盘分区挂载上系统。
- ro：采用只读方式挂载设备。
- rw：采用读写方式挂载设备。
- iocharset：指定访问文件系统所用的字符集。
- remount：重新挂载。

【例 2-7】 把文件系统类型为 xfs 的磁盘分区 /dev/sda4 挂载到/mnt/data 目录下，执行命令与结果如图 2-20 所示。

图 2-20　挂载 /dev/sda4 磁盘分区

【例 2-8】 挂载光盘，命令如下：

    [root@localhost ~]#mount -t iso9660 /dev/sr0 /run/media/root/cdrom

执行命令与结果如图 2-21 所示。

```
                              root@localhost:~                    _  □  ×
文件(F)  编辑(E)  查看(V)  搜索(S)  终端(T)  帮助(H)
[root@localhost ~]# mkdir /run/media/root/cdrom
[root@localhost ~]# mount -t iso9660 /dev/sr0 /run/media/root/cdrom
mount: /dev/sr0 写保护，将以只读方式挂载
[root@localhost ~]#
```

图 2-21    挂载光盘

【例 2-9】 挂载 U 盘(假定 U 盘的设备名为/dev/sdb1)，命令如下：

　　　　[root@localhost ~]#mount -o -t vfat iocharset=cp936 /dev/sdb1 /mnt/usb

【注】 可通过 fdisk -l 命令查看 U 盘的设备名。

2) umount

文件系统可以被挂载，也可以被卸载。卸载文件系统的命令是 umount，其格式如下：

　　　　umount 设备名或挂载点

【例 2-10】 卸载光盘，命令如下：

　　　　[root@localhost ~]#umount /dev/sr0

或者，使用挂载点也可以完成光盘的卸载，命令如下：

　　　　[root@localhost ~]#umount /run/media/root/cdrom

【例 2-11】 卸载 U 盘，命令如下：

　　　　[root@localhost ~]#umount /mnt/usb

或者，使用挂载点也可以完成 U 盘的卸载，命令如下：

　　　　[root@localhost ~]#umount /dev/sdb1

【注】光盘在没有卸载之前，无法从驱动器中弹出。执行 umount 命令时，若系统提示 device busy，这是因为当前有程序正在使用所卸载的设备，比如当前的路径可能就在设备的挂载点。此时可以使用 fuser -k /dev/sdb1(设备名)命令结束占用此设备的程序，方可卸载。

## 2. 自动挂载文件系统

如果要实现每次开机自动挂载文件系统，则可以通过编辑 /etc/fstab 文件来实现。在 /etc/fstab 中列出了引导系统时需要挂载的文件系统以及文件系统的类型和挂载参数。系统在引导过程会读取 /etc/fstab 文件，并根据该文件的配置参数挂载相应的文件系统。/etc/fstab 文件的内容如图 2-22 所示。

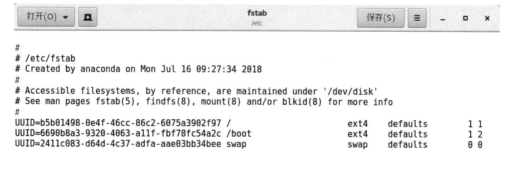

图 2-22    /etc/fstab 文件的内容

/etc/fstab 文件的每一行代表一个文件系统，每一行又包含六列，这六列的名称与含义如表 2-8 所示。

表 2-8　/etc/fstab 文件中各列的名称与含义

| 名　　称 | 含　　义 |
|---|---|
| UUID | 将要挂载的设备的 UUID(通用唯一标识符) |
| fs_file | 文件系统的挂载点 |
| fs_vfstype | 文件系统类型 |
| fs_mntops | 挂载选项，在传递给 mount 命令时以决定如何挂载，各选项之间用逗号隔开 |
| fs_freq | 由 dump 程序决定文件系统是否需要备份，0 表示不备份，1 表示备份 |
| fs_passno | 由 fsck 程序决定引导时是否检查磁盘以及检查次序，取值可以为 0、1、2 |

其中，UUID 的编号可以通过输入 blkid 命令进行获取，如图 2-23 所示。

图 2-23　获取设备的 UUID

【例 2-12】　要实现每次开机自动将文件系统类型为 xfs 的分区 /dev/sda4 自动挂载到 /mnt/data 目录下，需要在 /etc/fstab 文件中添加一行内容，即图 2-24 中的最后一行内容。

图 2-24　自动挂载/dev/sda4 分区

重新启动计算机后，/dev/sda4 就能自动挂载了。

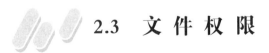

# 2.3　文件权限

对文件权限的管理非常重要，因为它决定了哪些用户或组可以访问文件及用户或组对文件进行什么操作。这与系统的数据安全密切相关。

### 2.3.1　文件和文件权限概述

文件是操作系统用来存储信息的基本结构，是一组信息的集合。文件通过文件名来唯一标识。Linux 中的文件名称最长可允许 255 个字符，这些字符可用"A～Z""0～9""."""_""-"等符号来表示。

与其他操作系统相比，Linux 最大的不同点是没有"扩展名"的概念，也就是说文件的名称和该文件的种类没有直接的关联。例如，smaple.txt 可能是一个运行文件，而 sample.exe 也有可能是文本文件，甚至可以不使用扩展名。另一个特性是 Linux 文件名区分大小写。例如，sample.txt、Sample.txt、SAMPLE.txt、samplE.txt 在 Linux 系统中代表不同的文件，但在 DOS 和 Windows 平台却是指同一个文件。在 Linux 系统中，如果文件名以"."开始，则表示该文件为隐藏文件，需要使用 ls -a 命令才能将其显示。

通过设定权限可以有三种访问方式限制访问权限，分别为：只允许用户自己访问、允许一个预先指定的用户组中的用户访问、允许系统中的任何用户访问。同时，用户还能够控制一个给定的文件或目录的被访问程度，一个文件或目录可能有读、写及执行权限。当创建一个文件时，系统会自动地赋予文件所有者读和写的权限，这样所有者就可以查看文件内容和修改文件。文件所有者也可以将这些权限修改为任何想指定的权限。一个文件也许只有读权限，禁止被修改；也可能只有执行权限，只允许它像一个程序一样被执行。

访问一个目录或者文件的用户类型包含所有者、用户组和其他用户三种。所有者是创建文件的用户，文件的所有者能够授予所在用户组的其他成员以及系统中除所属组之外的其他用户的文件访问权限。

每一个用户针对系统中的所有文件都有它自身的读、写和执行权限。第一套权限控制访问自己的文件权限，即所有者权限。第二套权限控制用户组访问其中一个用户的文件的权限。第三套权限控制其他所有用户访问一个用户的文件的权限。这三套权限赋予了用户不同类型(即所有者、用户组和其他用户)的读、写及执行权限，就构成了一个由 9 位权限来表示的权限组。

可以用 ls -l 或者 ll 命令显示文件的详细信息，其中包括权限。执行命令与结果如图 2-25 所示。

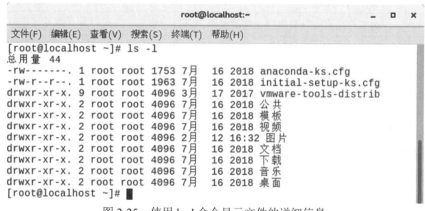

图 2-25　使用 ls -l 命令显示文件的详细信息

在图 2-25 显示的结果中，从第二行开始，每一行的第一个字符一般用来区分文件的类型，其标识及其含义如表 2-9 所示。

表 2-9　文件类型标识及其含义

| 标　　识 | 含　　义 |
|---|---|
| d | 表示这是一个目录，在 ext 文件系统中目录也是一种特殊的文件 |
| - | 表示该文件是一个普通的文件 |
| l | 表示该文件是一个符号链接文件，实际上它指向另一个文件 |
| b、c | 分别表示该文件为区块设备或其他的外围设备，是特殊类型的文件 |
| s、p | 这些文件关系到系统的数据结构和管道 |

### 2.3.2　一般权限

在图 2-25 显示的结果中，每一行的第 2～10 个字符表示文件的访问权限。这 9 个字符每 3 个为一组，左边 3 个字符表示所有者权限，中间 3 个字符表示与所有者同一组的用户的权限，右边 3 个字符是其他用户的权限。其具体含义如下：

- 第 2～4 个字符表示该文件所有者的权限，有时也简称为 u(user)的权限。
- 第 5～7 个字符表示该文件所有者所属组的组成员的权限，简称为 g(group)的权限。
- 第 8～10 个字符表示除该文件所有者所属组群以外的用户的权限，简称为 o(other)的权限。

例如，此文件拥有者属于"user"组，该组中有 6 个成员，表示这 6 个成员都有此处指定的权限。

这 9 个字符根据权限种类的不同，每个字符包含 4 种类型。字符类型及其含义如表 2-10 所示。

表 2-10　字符类型及其含义

| 字符类型 | 含　　义 |
|---|---|
| r | 对文件而言，具有读取文件内容的权限；对目录来说，具有浏览目录的权限 |
| w | 对文件而言，具有新增、修改文件内容的权限；对目录来说，具有删除、移动目录内文件的权限 |
| x | 对文件而言，具有执行文件的权限；对目录来说，该用户具有进入目录的权限 |
| - | 表示不具有该项权限 |

下面举例说明字符类型所指定的权限。

brwxr-- r--：该文件是块设备文件，文件所有者具有读、写与执行的权限，其他用户则只具有读取的权限。

-rw-rw-r-x：该文件是普通文件，文件所有者与同组用户对文件具有读、写的权限，而其他用户仅具有读取和执行的权限。

drwx--x--x：该文件是目录文件，目录所有者具有读、写与进入目录的权限，其他用户能进入该目录，却无法读取任何数据。

lrwxrwxrwx：该文件是符号链接文件，文件所有者、同组用户和其他用户对该文件都具有读、写和执行的权限。

每个用户都拥有自己的主目录，这些主目录通常在 /home 目录下，其默认权限为 drwx------；执行 mkdir 命令所创建的目录，其默认权限为 drwxr-xr-x。用户可以根据需要修改目录的权限。

当登录系统之后，创建了一个文件，这个文件就会有一个默认权限，那么这个权限是怎么来的呢？这就是 umask 的作用，它设置了用户创建文件的默认权限。一般在 /etc/profile、$ [HOME]/.bash_profile 或 $[HOME]/.profile 中设置 umask 值。

umask 命令允许设定文件创建时的缺省模式，对应每一类用户存在一个相应的 umask 值中的数字。对于文件来说，这一数字的最大值是 6，这是因为系统不允许在创建一个文本文件时就赋予它执行权限，必须在创建后用 chmod 命令增加这一权限。若创建一个目录，则系统允许设置执行权限，这样对目录来说，umask 中各个数字最大可以为 7。

该命令的一般格式如下：

umask [选项] [掩码]

umask 值与权限的对应关系如表 2-11 所示。

表 2-11　umask 值与权限的对应关系

| umask | 文　件 | 目　录 |
| --- | --- | --- |
| 0 | 6 | 7 |
| 1 | 6 | 6 |
| 2 | 4 | 5 |
| 3 | 4 | 4 |
| 4 | 2 | 3 |
| 5 | 2 | 2 |
| 6 | 0 | 1 |
| 7 | 0 | 0 |

【例 2-13】若 umask 值为 022，则默认目录权限为 755，默认文件权限为 644。若 umask 的值为 777，则代表屏蔽所有的权限，之后建立的文件或目录，其权限都将变成 000，依此类推。通常 root 账户搭配 umask 命令的数值为 022、027 和 077，普通用户则是采用 002，这样所产生的默认权限依次为 755、750、700、775。用户登录系统时，用户环境就会自动执行 umask 命令来决定文件、目录的默认权限。

### 2.3.3　特殊权限

#### 1. 粘滞位(stickybit)

所谓粘滞位，就是普通用户在此目录中创建的文件，读和写权限受其权限位的限制，但是删除却只能由文件所有者或 root 操作，其他用户即使拥有写权限，也不能将其删除。下面举例说明粘滞位的基本用途。

【例 2-14】　普通用户 andy 在 /tmp 目录下创建普通目录 sample，并设置其权限位为 drwxrwxrw-(0776)，即属主和属组用户具有可读、可写、可访问权限，其他用户具可读、可写、不可执行权限，执行命令与结果如图 2-26 所示。

```
andy@localhost:/tmp
文件(F) 编辑(E) 查看(V) 搜索(S) 终端(T) 帮助(H)
[andy@localhost tmp]$ mkdir sample
[andy@localhost tmp]$ chmod 0776 sample
[andy@localhost tmp]$ ls -al sample
总用量 8
drwxrwxrw-.  2 andy andy 4096 2月  12 16:59 .
drwxrwxrwt. 17 root root 4096 2月  12 16:59 ..
[andy@localhost tmp]$
```

图 2-26 设置 sample 目录权限为 0776

然后为目录 sample 增加粘滞位，目录原权限位为 drwxrwxrw-(0776)，在添加粘滞位后，最后一位将变为大写字母 T，即 drwxrwxrwT (1776)，执行命令与结果如图 2-27 所示。

```
andy@localhost:/tmp
文件(F) 编辑(E) 查看(V) 搜索(S) 终端(T) 帮助(H)
[andy@localhost tmp]$ chmod 1776 sample
[andy@localhost tmp]$ ls -al sample
总用量 8
drwxrwxrwT.  2 andy andy 4096 2月  12 16:59 .
drwxrwxrwt. 17 root root 4096 2月  12 17:00 ..
[andy@localhost tmp]$
```

图 2-27 设置 sample 目录权限为 1776

再切换到普通账户 shiny，然后试图删除 sample 目录，但是系统提示失败，执行命令与结果如图 2-28 所示。

```
shiny@localhost:/tmp
文件(F) 编辑(E) 查看(V) 搜索(S) 终端(T) 帮助(H)
[shiny@localhost tmp]$ rmdir sample
rmdir: 删除 "sample" 失败: 不允许的操作
[shiny@localhost tmp]$
```

图 2-28 用户 shiny 试图删除 sample 目录

**【例 2-15】** 创建目录 /temp，并为目录 /temp 增加粘滞位，目录原权限位为 drwxrwxrwx (0777)，在添加粘滞位后，最后一位将变为小写字母 t，即 drwxrwxrwt (1777)，执行命令与结果如图 2-29 所示。

```
andy@localhost:/
文件(F) 编辑(E) 查看(V) 搜索(S) 终端(T) 帮助(H)
[root@localhost /]# mkdir /temp
[root@localhost /]# chmod 777 /temp
[root@localhost /]# ls -al /temp
总用量 8
drwxrwxrwx.  2 root root 4096 2月  12 19:38 .
dr-xr-xr-x. 20 root root 4096 2月  12 19:38 ..
[root@localhost /]# chmod 1777 /temp
[root@localhost /]# ls -al /temp
总用量 8
drwxrwxrwt.  2 root root 4096 2月  12 19:38 .
dr-xr-xr-x. 20 root root 4096 2月  12 19:38 ..
[root@localhost /]#
```

图 2-29 为目录 /temp 增加粘滞位

切换到 andy 用户，在 /temp 目录下创建 123.txt 文件，并对其设置 777 权限。然后切换到 shiny 用户，试图删除 123.txt 文件，但是系统提示失败，执行命令与结果如图 2-30 所示。

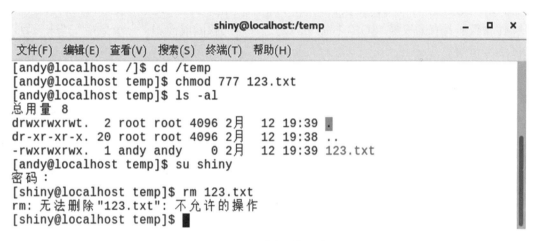

图 2-30　删除文件失败

### 2. S 位(SUID /SGID)

S 位分为 SUID 和 SGID，它们分别作用于属主和属组的权限位。

#### 1) uid 和 euid

真实用户 ID (uid)是拥有或启动进程的用户 ID。生效用户 ID(euid)是进程以其身份运行的用户 ID。例如，/usr/bin/passwd 工具通常是以发起修改密码的用户身份启动，也就是说其进程的真实用户 ID 是发起修改密码的用户的 ID；但是，由于需要修改密码数据库，因此它会以 root 用户作为生效用户 ID 的身份运行。这样，普通的非特权用户就可以修改口令，而不是看到"Permission Denied"这样的错误提示了。

#### 2) SUID

SUID 权限可以通过在普通权限前面加上一个数字"4"来设置，它可以让无权限的普通用户执行该文件时具有文件属主的可执行权限，如图 2-31 所示。

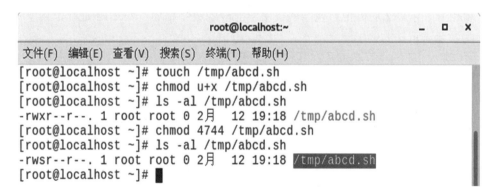

图 2-31　SUID 权限设置

从图 2-31 中可以看到，原先的属主执行权限位变成了 s。这样本来需要提升特权的无执行权限用户就可以无须提升权限直接执行该文件。例如，普通用户可以直接运行 /usr/bin/passwd 命令来修改用户的密码。

3）SGID

SGID 权限的作用与 SUID 权限类似，只是当应用程序配合这一设定运行时，它会被授予文件属组所具有的权限。SGID 权限可以通过在普通权限前面加上一个数字"2"来设置，如图 2-32 所示。

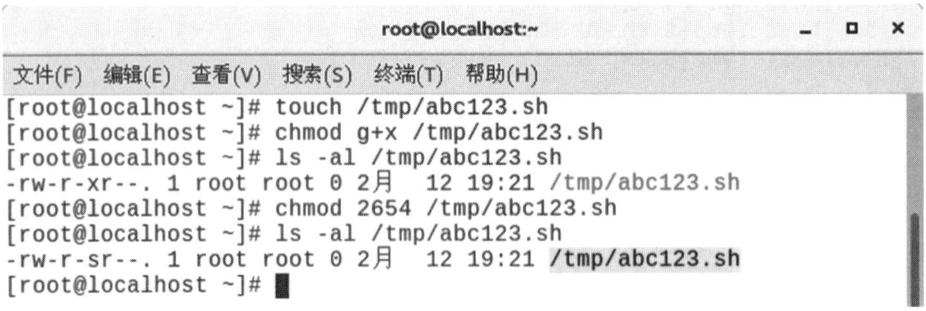

图 2-32    SGID 权限设置

从图 2-32 中可以看到，原先的属组执行权限位变成了 s。

【注】 在上面的例子中，尽管 shell 脚本也属于可执行文件的一种，但是它们可能不会以配置的 euid 的身份运行。这是因为出于安全考虑，shell 脚本可能无法直接调用 SUID 来提升权限。

## 2.3.4    文件权限修改

在文件建立时系统会自动设置权限，如果这些默认权限无法满足需要，那么此时可以使用 chmod 命令来修改权限。chmod 命令的格式如下：

    chmod 选项 文件

在修改权限时，通常可以用两种方法来表示权限类型：数字表示法和文字表示法。

### 1. 以数字表示法修改访问权限

所谓数字表示法，是指将读取(r)、写入(w)和执行(x)分别以 4、2、1 来表示，没有授予的部分就用 0 表示，然后再把所授予的权限所对应的数字相加。表 2-12 是几个将字符表示法转换为数字表示法的例子。

表 2-12    以数字表示法修改权限例子

| 字符表示法 | 转换为数字 | 数字表示法 |
| --- | --- | --- |
| rwxrwxr-x | (421) (421) (401) | 775 |
| rw-rw-r-- | (420) (420) (400) | 664 |
| rw-r--r-- | (420) (400) (400) | 644 |
| rwxr-xr-x | (421) (401) (401) | 755 |

【例 2-16】 为文件 /home/file.txt 设置权限，赋予拥有者和组群成员读取和写入的权

限，而其他用户只有读取权限，则应该将权限设为 rw-rw-r--，该权限所对应的数字为 664，因此可以输入下面的命令来设置权限，如图 2-33 所示。

图 2-33　利用数字表示法更改 /home/file.txt 权限

### 2. 以文字表示法修改访问权限

使用权限的文字表示法时，系统用以下 4 种字母来表示不同的用户：

- u：user，表示所有者。
- g：group，表示属组。
- o：others，表示其他用户。
- a：all，表示以上 3 种用户。

操作权限使用下面 3 种字符的组合表示法：

- r：read，可读。
- w：write，写入。
- x：execute，执行。

操作符号包括以下 3 种：

- +：添加某种权限。
- -：取消某种权限。
- =：赋予指定权限并取消原来的权限。

以文字表示法修改图 2-33 中文件 /hom/file.txt 的权限时，执行命令与结果如图 2-34 所示。

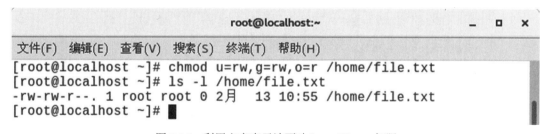

图 2-34　利用文字表示法更改/home/file.txt 权限

【注】　修改目录权限和修改文件权限的方法相同，都是使用 chmod 命令，但不同的是，要使用通配符"*"来表示目录中的所有文件。如果目录中包含其他子目录，则必须使用 -R 参数来同时设置所有文件及子目录的权限。

### 3. 修改文件特殊权限

利用 chmod 命令也可以修改文件的特殊权限。

【例 2-17】要设置文件 /home/file.txt 的 SUID 权限，执行命令与结果如图 2-35 所示。

图 2-35　利用文字表示法设置特殊权限

特殊权限也可以采用数字表示法，SUID、SGID 和 sticky 权限对应的数字分别为 4、2 和 1。使用 chmod 命令设置文件权限时，可以在普通权限的数字前面加上一位数字来表示特殊权限。

【例 2-18】 设置文件 /home/file.txt 的 SUID 和 SGID 权限，执行命令与结果如图 2-36 所示。

图 2-36　利用数字表示法设置特殊权限

### 2.3.5　文件所有者与属组修改

要修改文件的所有者，可以使用 chown 命令来设置。chown 命令的格式如下：

```
chown 选项 用户和属组 文件列表
```

用户和属组可以是名称，也可以是 UID 或 GID。多个文件之间用空格分隔。

【例 2-19】 要把 /home/file.txt 文件的所有者修改为 andy 用户，执行命令与结果如图 2-37 所示。

图 2-37　使用 chown 命令更改文件所有者

chown 命令也可以同时修改文件的所有者和属组，两者之间用"："分隔。

【例 2-20】 将 /home/file.txt 文件的所有者和属组都改为 andy，执行命令与结果如图 2-38 所示。

图 2-38　使用 chown 命令更改文件所有者和属组

修改文件的属组也可以使用 chgrp 命令。

【例 2-21】将文件 /home/file.txt 的属组改为 andy，执行命令与结果如图 2-39 所示。

图 2-39    使用 chgrp 命令更改文件属组

### 2.3.6    getfacl 与 setfacl

ACL(Access Control List，访问控制列表)提供的是除所有者、所属组、其他用户的读、写、执行权限之外的特殊权限控制。通俗来讲，基于普通文件或目录设置 ACL，其实就是针对指定的用户或用户组设置文件或目录的操作权限。

getfacl 命令用于显示文件上设置的 ACL 信息。其命令格式如下：

getfacl [参数] [目标文件名]

getfacl 命令常见的参数及其含义如表 2-13 所示。

表 2-13    getfacl 命令常见的参数及其含义

| 参    数 | 含    义 |
| --- | --- |
| a | 仅显示文件 ACL |
| d | 仅显示默认的 ACL |
| R | 递归显示子目录 ACL |

setfacl 命令用于设置 ACL 权限。其命令格式如下：

setfacl [参数] [ugm]:[用户名]:[rwx] [目标文件名]

其中，[ugm]选项中 u 代表用户，g 代表群组，m 代表可修改的最大有效访问权限。setfacl 命令常见的参数及其含义如表 2-14 所示。

表 2-14    setfacl 命令常见的参数及其含义

| 参    数 | 含    义 |
| --- | --- |
| m | 设置 ACL 参数，不可与 -x 结合使用 |
| x | 删除 ACL 参数 |
| b | 删除全部的 ACL 参数 |
| R | 针对目录设置 ACL 权限，其子目录会继承其权限，需要与 m、x 等结合使用 |
| d | 为目录添加默认 ACL，需要与 m 结合使用 |
| k | 删除默认的 ACL 参数 |

1) 通过 getfacl 获取权限值

在 /var 目录下新建 testdir 目录，并输入 getfacl testdir 命令查看 testdir 的权限，如图 2-40 所示。

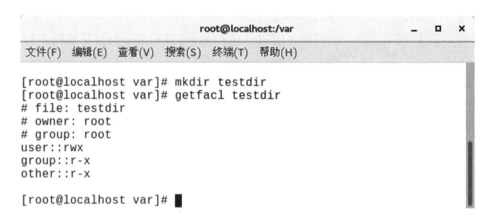

图 2-40    查看 testdir 目录的权限

然后切换到 andy 用户,并尝试访问 testdir 目录,访问成功,如图 2-41 所示。

图 2-41    andy 用户访问 testdir 目录成功

2)通过 setfacl 设置权限值

将上述 testdir 目录通过 setfacl -Rm u:andy:--- testdir 命令设置权限,并查看设置后的权限值,如图 2-42 所示。

图 2-42    设置并查看 testdir 目录的权限

然后切换到 andy 用户,并尝试访问 testdir 目录,访问不成功,如图 2-43 所示。

图 2-43    andy 用户访问 testdir 目录不成功

3) 修改预设的 ACL 权限

对于 testdir 目录，通过 setfacl -dm u:andy:rwx testdir 命令为用户 andy 设置预设的 ACL 为 rwx，并查看设置后的权限值，如图 2-44 所示。

图 2-44　为 andy 用户设置预设的 ACL

在 testdir 目录内新建子目录 subdir1，并查看 andy 用户的 effective 权限(有效权限)为 rwx，如图 2-45 所示。

图 2-45　新建子目录并查看权限

【注】若文件夹或文件在其父目录增加预设的 ACL 前就已经存在，则其不会继承其父目录所预设的 ACL，其子文件及子目录也不会继承。

在 testdir 目录内新建文件 testfile1.txt，并查看 andy 用户的 effective 权限为 rw-，如图 2-46 所示。

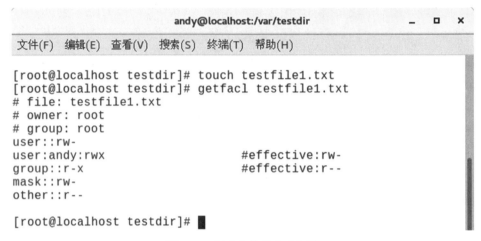

图 2-46    新建文件并查看权限

从以上命令结果中，可以看到增加了 effective 一栏信息，实际上这与 mask 一行的权限有关。mask 一行为最大有效访问权限，其作用是控制文件的访问权限，其他用户或组设定的 ACL 实际权限都是与 mask 最大有效权限相与的结果。testfile1.txt 文件的 mask 权限为 rw-，andy 用户的默认权限虽为 rwx，但和 rw- 进行相与运算后得到的结果为 rw-，即 andy 用户的最终有效权限为 rw-。

### 2.3.7    chattr 与 lsattr

通过 chattr 命令修改属性能够提高系统的安全性，但只有超级权限的用户才具有使用该命令的权限，这项指令可改变存放在 ext2、ext3、ext4、xfs、UBIFS、ReiserFS、JFS 等文件系统上的文件或目录的属性。与 chmod 命令的区别在于，chmod 只是改变文件的读、写、执行权限，更底层的属性控制是由 chattr 来改变的。chattr 命令的格式如下：

chattr [-RV] [-v<版本编号>] [+/-/=<属性>] [文件或目录…]

chattr 命令常见的参数及其含义如表 2-15 所示。

表 2-15    chattr 命令常见的参数及其含义

| 参　　数 | 含　　义 |
| --- | --- |
| R | 递归处理，将指定目录下的所有文件及子目录一并处理 |
| v | 设置文件或目录版本 |
| V | 显示指令执行过程 |
| +<属性> | 开启文件或目录的该项属性 |
| -<属性> | 关闭文件或目录的该项属性 |
| =<属性> | 指定文件或目录的该项属性 |

(1) 使用 chattr 命令防止系统中某个关键文件被修改。

**【例 2-22】** 使用 chattr 命令添加 i 属性，使 resolv.conf 文件禁止被修改，并使用 lsattr 命令查看文件 resolv.conf 的属性，执行命令与结果如图 2-47 所示。

andy@localhost:~
文件(F) 编辑(E) 查看(V) 搜索(S) 终端(T) 帮助(H)
[root@localhost ~]# chattr +i /etc/resolv.conf
[root@localhost ~]# lsattr /etc/resolv.conf
----i--------e-- /etc/resolv.conf
[root@localhost ~]#

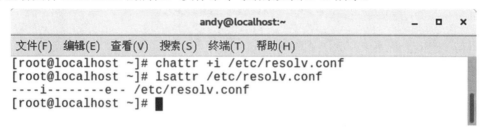

图 2-47　添加禁止修改属性

使用 vim 命令编辑该文件进行保存时，系统提示无法保存文件，执行命令与结果如图 2-48 所示。

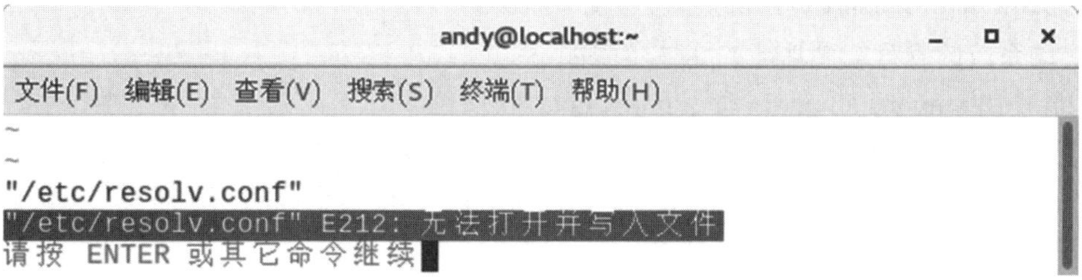

andy@localhost:~
文件(F) 编辑(E) 查看(V) 搜索(S) 终端(T) 帮助(H)
~
~
"/etc/resolv.conf"
"/etc/resolv.conf" E212: 无法打开并写入文件
请按 ENTER 或其它命令继续

图 2-48　保存文件失败

(2) 通过使用 chattr 命令添加属性，可以使文件只能被追加数据，而不能被删除，并且适用于各种日志文件。

**【例 2-23】** 使用 chattr 命令添加 a 属性，使 /var/log/messages 文件只能被追加内容，并使用 lsattr 命令查看文件 messages 的属性，执行命令与结果如图 2-49 所示。

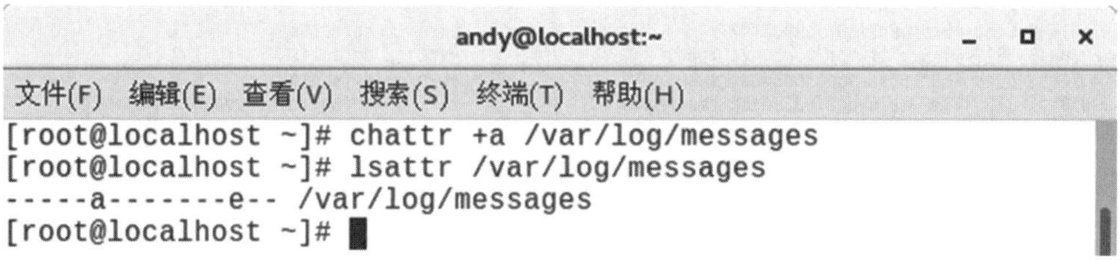

andy@localhost:~
文件(F) 编辑(E) 查看(V) 搜索(S) 终端(T) 帮助(H)
[root@localhost ~]# chattr +a /var/log/messages
[root@localhost ~]# lsattr /var/log/messages
-----a-------e-- /var/log/messages
[root@localhost ~]#

图 2-49　添加禁止删除属性

使用 echo 命令向 messages 文件追加内容成功，但删除该文件时系统提示失败，执行命令与结果如图 2-50 所示。

andy@localhost:~
文件(F) 编辑(E) 查看(V) 搜索(S) 终端(T) 帮助(H)
[root@localhost ~]# echo "Hello" >> /var/log/messages
[root@localhost ~]# rm /var/log/messages
rm：是否删除普通文件 "/var/log/messages"？y
rm: 无法删除"/var/log/messages": 不允许的操作
[root@localhost ~]#

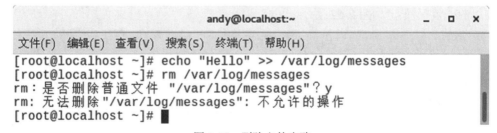

图 2-50　删除文件失败

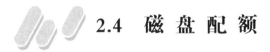

# 2.4  磁 盘 配 额

Linux 是一个多用户的操作系统,为了防止某个用户或组占用过多的磁盘空间,可以通过磁盘配额(Disk Quota)功能来限制用户和组对磁盘空间的使用。在 Linux 系统中,可以通过索引节点数和磁盘块区数来限制用户和组对磁盘空间的使用。

- 限制用户和组的索引节点数(Inode)是指限制用户和组可以创建的文件数量。
- 限制用户和组的磁盘块区数(Block)是指限制用户和组可以使用的磁盘容量。

下面以在 /dev/sda3 分区上启用磁盘配额功能为例来讲解磁盘配额的具体配置。

**1. 启动系统的磁盘配额功能**

启动系统的磁盘配额功能的具体步骤如下:

(1) 使用 yum install quota 命令安装 quota 软件包。

(2) 编辑 /etc/fstab 文件,启动文件系统的配额功能。为了启用用户的磁盘配额功能,需要在 /etc/fstab 文件中加入 usrquota 项;为了启用组的磁盘配额功能,需要在 /etc/fstab 文件中加入 grpquota 项,如图 2-51 所示。

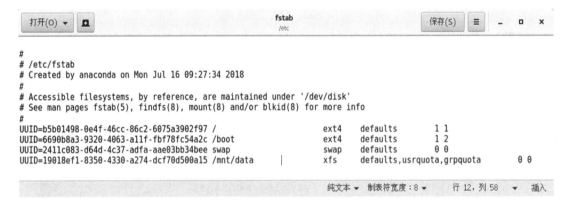

图 2-51  启动文件系统的配额功能

(3) 重新启动系统,使挂载了磁盘配额功能的文件系统生效。

**2. 创建配额文件**

运行 quotacheck 命令,生成磁盘配额文件 aquota.user(设置用户的磁盘配额)和 aquota.group (设置组的磁盘配额),如图 2-52 所示。

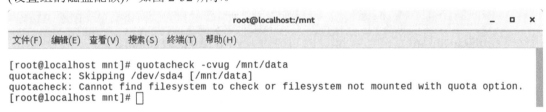

图 2-52  生成磁盘配额文件

quotacheck 命令用于检查磁盘空间的使用和限制情况，并生成磁盘配额文件。其中，-c 选项用来生成配额文件，-v 选项用于显示详细的执行过程，-u 选项用于检查用户的磁盘配额，　-g 选项用于检查组的磁盘配额。

【注】在已经启用了磁盘配额功能或者已挂载的文件系统中运行 quotacheck 命令可能会遇到问题，可以使用 -f、-m 等选项强制执行。

### 3. 设置用户和组的磁盘配额

对用户和组的磁盘配额限制分为以下两种：

(1) 软限制(soft limit)：指用户和组在文件系统上可以使用的磁盘空间和文件数。当超过软限制之后，在一定期限内用户仍可以继续存储文件，但系统会对用户提出警告，建议用户清理文件，释放空间。超过警告期限后，用户就不能再存储文件了，默认的警告期限是 7 天。如果 soft limit 的取值为 0，则表示不受限制。

(2) 硬限制(hard limit)：指用户和组可以使用的最大磁盘空间或最多的文件数，超过此限制之后，用户和组将无法再在相应的文件系统上存储文件。如果 hard limit 的取值为 0，则表示不受限制。

【注】软限制的数值应该小于硬限制的数值。另外，磁盘配额功能对于 root 用户无效。设置用户和组的磁盘配额都可以使用 edquota 命令。

(1) 设置用户的磁盘配额功能的命令格式为 edquota -u 用户名。

(2) 设置组的磁盘配额功能的命令格式为 edquota -g 组名。

【例 2-24】 设置 andy 用户的磁盘配额功能，可以使用 edquota -u andy 命令，edquota 会自动调用 vi 编辑器来设置磁盘配额项，如图 2-53、图 2-54 所示。

图 2-53　设置用户 andy 的磁盘配额功能

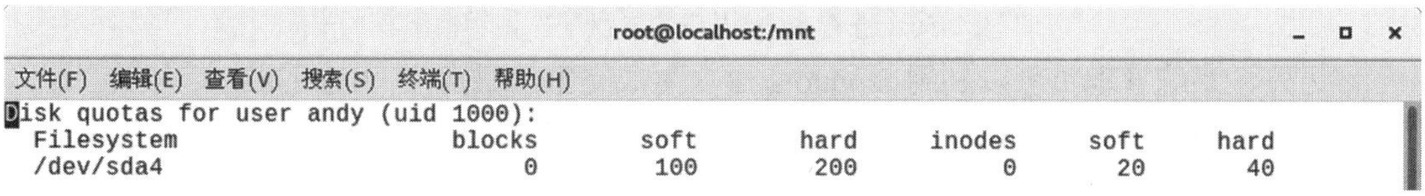

图 2-54　编辑用户 andy 的磁盘配额

图 2-54 中 blocks 和 inodes 的值分别表示 andy 用户在 /dev/sda4 分区上已经使用了 0 个数据块、拥有 0 个文件。可以分别将 blocks、inodes 的 soft limit 和 hard limit 值设置成实际需求值，然后保存该文件，即可完成磁盘配额的设置。

如果需要对多个用户进行设置，则可以重复上面的操作。如果每个用户的设置都相同，则可以使用下面的命令将参考用户的设置复制给待设置用户：

　　[root@ rhl root]#edquota -p 参考用户 待设置用户

【例 2-25】 要给 shiny 用户设置和 andy 一样的磁盘配额，可以使用以下命令：

　　[root@ rhl root]#edquota -p andy shiny

对组的设置和用户的设置相似，例如，设置组 group1 的磁盘配额，可以使用以下命令：

> [root@ rhl root]#edquota -g group1

要给组 group2 设置和 group1 一样的磁盘配额，可以使用以下命令：

> [root@ rhl root]#edquota -gp group1 group2

### 4. 启动与关闭磁盘配额功能

在设置好用户及组的磁盘配额后，磁盘配额功能还不能产生作用，此时必须使用 quotaon 命令来启动磁盘配额功能。如果要关闭该功能，则使用 quotaoff 命令。其中，-a 表示在 /etc/fstab 文件中设置 quota 的分区对象都启动磁盘配额；-g 表示作用的对象是组的磁盘配额限制；-u 表示作用的对象是用户的磁盘配额限制；-v 表示显示指令执行过程。启动磁盘配额功能如图 2-55 所示。

图 2-55　启动磁盘配额功能

### 5. 检查磁盘配额的使用情况

磁盘配额设置生效之后，如果要查看某个用户的磁盘配额及其使用情况，可以使用 quota 命令。使用 "quota -u 用户名" 命令可以查看指定用户的磁盘配额，如图 2-56 所示；使用 "quota -g 组名称" 命令可以查看指定组的磁盘配额。对于普通用户而言，可以直接利用 quota 命令查看自己的磁盘配额使用情况，利用 quota 命令的 -a 选项可以列出系统中所有用户的磁盘配额信息。

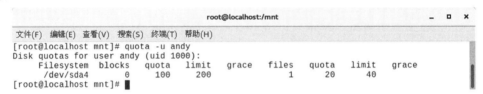

图 2-56　查看 andy 用户的磁盘配额使用情况

另外，系统管理员可以利用 repquota 命令生成完整的磁盘空间使用报告。

【例 2-26】　使用 repquota /dev/sda4 命令生成磁盘分区 /dev/sda4 上的磁盘使用报告，如图 2-57 所示。

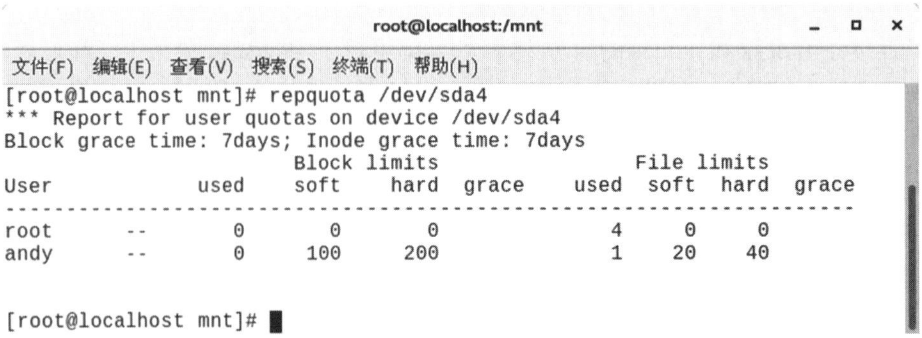

图 2-57　磁盘配额使用报告

其中，用户名后面的"--"用于判断该用户是否超出磁盘空间及索引节点数目的限制。当磁盘空间及索引节点数超出软限制时，相应的"-"就会变为"+"。最后的 grace 列通常是空的，如果某个限制项超出软限制，则这一列会显示剩余的警告时间。

# 2.5　加密文件系统 dm-crypt

Linux 内置了一个软件包 dm-crypt，它可以加密数据，使用一种名为 LUKS 的存储格式，将数据写入到存储设备上。

LUKS(Linux Unified Key Setup，Linux 统一密钥设置)是驱动器本身所用的格式，它实际上用于取代 ext4 之类的文件系统。dm-crypt 系统位于 filesystem 软件与设备驱动程序之间，filesystem 软件读取数据并将其写入 ext4，而 ext4 数据通过 dm-crypt 加以推送，然后dm-crypt 将数据以 LUKS 格式存储到驱动器上。

加密文件系统 dm-crypt 是 Linux 内核提供的一个具有磁盘加密功能的系统，cryptsetup 是一个命令行的前端，通过它来操作 dm-crypt。

dm-crypt 在 Linux Kernel 2.6 的早期版本中就被整合到了内核中，cryptsetup 的基本用法如下：

(1) cryptsetup --version：查看版本号。

(2) cryptsetup benchmark：查看不同"加密算法"和"散列算法"的性能指标。

(3) cryptsetup 参数 luksFormat 物理设备/逻辑设备：创建(格式化)LUKS 加密盘。

上述用法中的"参数"也可以不写。如果不写，则 cryptsetup 会采用相应的默认值。对于安全性要求较高的用户，建议不要使用默认值，要根据自己的需求指定相关的参数。建议指定的参数如下：

- --cipher：加密方式，推荐值为 aes-xts-plain64(AES 加密算法搭配 XTS 模式)。
- --key-size：密钥长度，推荐值为 512(因为 XTS 模式需要两对密钥，每个的长度是256)。
- --hash：散列算法，推荐值为 sha512。
- --iter-time：迭代时间，推荐值最好大于 10 000(单位是毫秒。该值越大，暴力破解越难，但是打开加密盘时也要等待更久)。

以下介绍加密盘的创建与使用。对分区 /dev/sda4 进行加密，然后与 cryptdisk 进行映射，并将其挂载到 /mnt/disk 下。

## 1. 创建加密盘

如图 2-58 所示，使用以下命令对 /dev/sda4 进行加密盘的创建，并在创建过程中设定密码：

```
[root@localhost ~]#cryptsetup luksFormat /dev/sda4
```

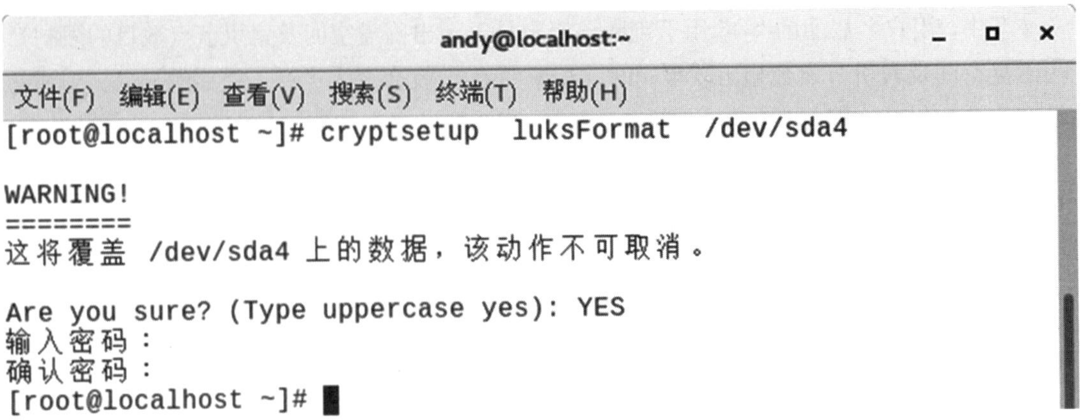

图 2-58  创建加密盘

### 2. 映射加密盘

如图 2-59 所示，使用以下命令将 /dev/sda4 与 cryptdisk 进行映射，需要使用上一步骤中的密码进行验证：

[root@localhost ~]#cryptsetup luksOpen /dev/sda4 cryptdisk

图 2-59  映射加密盘

### 3. 查看映射信息

如图 2-60 所示，使用以下命令查看映射信息：

[root@localhost ~]#ls /dev/mapper

图 2-60  查看映射信息

### 4. 格式化加密盘

如图 2-61 所示，使用以下命令对 cryptdisk 进行文件系统的创建，并将其格式化为 ext4：

[root@localhost ~]#mkfs.ext4 /dev/mapper/cryptdisk

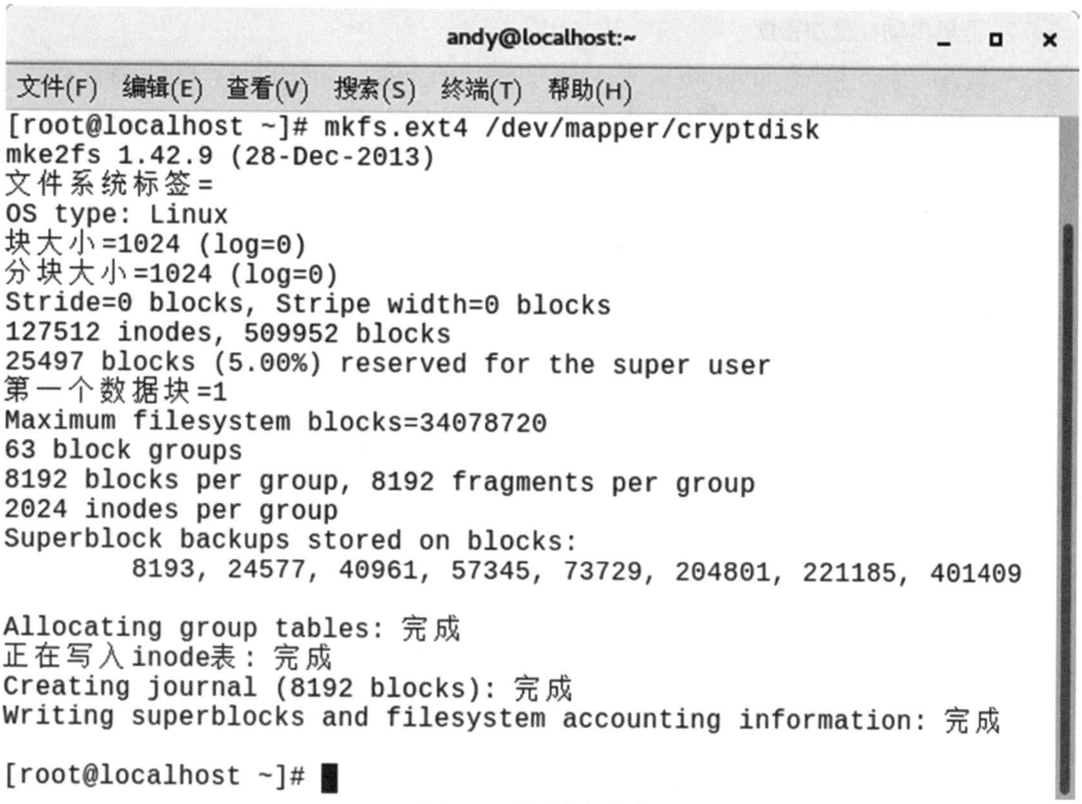

图 2-61　格式化加密盘

## 5. 创建挂载点 /mnt/disk，手动挂载加密盘

如图 2-62 所示，使用以下命令创建挂载点 /mnt/disk，并将 cryptdisk 挂载到该目录下：

[root@localhost ~]#mkdir /mnt/disk

[root@localhost ~]#mount /dev/mapper/cryptdisk /mnt/disk

图 2-62　手动挂载加密盘

## 6. 查看加密文件系统

如图 2-63 所示，使用以下命令查看加密文件系统：

[root@localhost ~]#ls /mnt/disk

图 2-63　查看加密文件系统

### 7. 开机自动挂载加密盘

编辑 /etc/fstab 和 /etc/crypttab 文件，并添加相应的内容，实现开机自动挂载加密盘。

(1) 编辑 /etc/fstab 文件，命令如下：

> [root@localhost ~]#vim /etc/fstab

如图 2-64 所示，在 /etc/fstab 文件中添加以下内容：

> /dev/mapper/cryptdisk        /mnt/disk        ext4        defaults        0 0

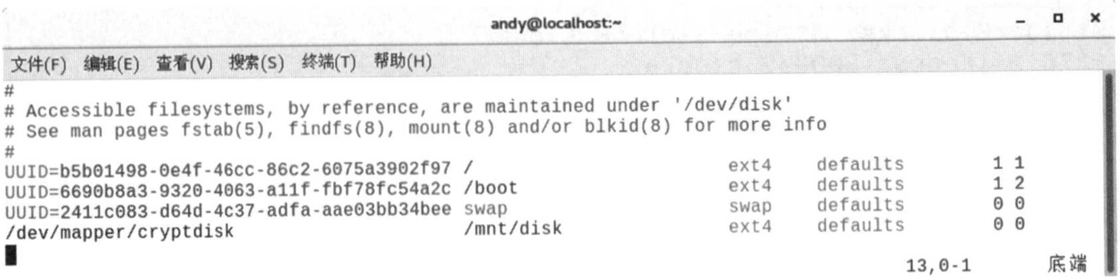

图 2-64　修改/etc/fstab 文件

(2) 编辑 /etc/crypttab 文件，命令如下：

> [root@localhost ~]#vim /etc/crypttab

如图 2-65 所示，在 /etc/crypttab 文件中添加以下内容：

> cryptdisk /dev/sda4

图 2-65　修改/etc/crypttab 文件

### 8. 在开机挂载加密盘时进行密码验证

重新启动 Linux，在用户登录过程中提示用户输入加密分区的密码进行验证，如图 2-66 所示。

图 2-66　加密磁盘密码验证

# 任务 2　文件系统安全

 **实践目标**

(1) 掌握文件权限的设置方法。
(2) 掌握关键文件是否被修改的检测方法。

编译安装部署
AIDE

 **应用需求**

网络管理员小陈为企业规划了网络，由于公司规模较小，采用 IP 地址静态配置的方式，使用 192.168.8.110/24 的 IP 地址，企业网络拓扑结构如图 2-67 所示。最近发现黑客猖獗，他们入侵后会修改关键配置文件。如何检查服务器上的文件是否被修改过？

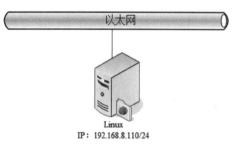

图 2-67　企业网络拓扑结构

 **需求分析**

利用 AIDE 可以检查系统文件的完整性，通过在 CentOS 上安装部署 AIDE 来检测关键文件，然后通过检测报告来查看文件是否被修改。

 **解决方案**

下面介绍安装部署 AIDE 和检测文件的步骤。

### 1. 安装 AIDE

使用 yum -y install aide 命令安装 AIDE 软件包，如图 2-68 所示。

图 2-68　安装 AIDE 软件包

### 2. 配置 AIDE 的主配置文件 /etc/aide.conf

将需要检测的文件或目录及检测方法添加到 /etc/aide.conf 配置文件中，以文件 /var/important.cfg 为例，若将检测方法设置为检测内容，则修改 /etc/aide.conf 文件的内容，如图 2-69 所示。

图 2-69    修改 /etc/aide.conf 文件

### 3. 定义基准数据库

1) 生成初始化数据库

如图 2-70 所示，使用以下命令生成初始化数据库，默认生成的初始化数库为 /var/lib/aide/aide.db.new.gz：

[root@localhost ~]#/usr/sbin/aide -c /etc/aide.conf --init

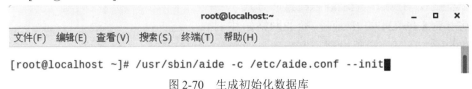

图 2-70    生成初始化数据库

2) 定义基准数据库

如图 2-71 所示，将上述已经生成的初始数据库通过以下命令重命名为基准数据库，默认基准数据库为 /var/lib/aide/aide.db.gz：

[root@localhost ~]#mv /var/lib/aide/aide.db.new.gz /var/lib/aide/aide.db.gz

图 2-71    定义基准数据库

### 4. 检测效果验证

1) 修改检测文件内容

为了验证 AIDE 监控文件的有效性，如图 2-72 所示，使用以下命令修改 /var/important.cfg 中的内容：

[root@localhost ~]#echo "Hello" >> /var/important.cfg

图 2-72    修改/var/important.cfg 内容

2) 手动终端检测

如图 2-73、图 2-74 所示，执行以下命令在终端中检测 /var/important.cfg 文件是否被修改：

[root@localhost ~]#aide --check

图 2-73　手动终端检测

图 2-74　检测结果

3) 以文件输出检测结果

如图 2-75、图 2-76 所示，执行以下命令将检测结果输出到指定的文件中，并在文件名中指明检测的日期：

[root@localhost ~]#aide --check --report=file:/tmp/aide-report-'date +%Y%m%d'.txt

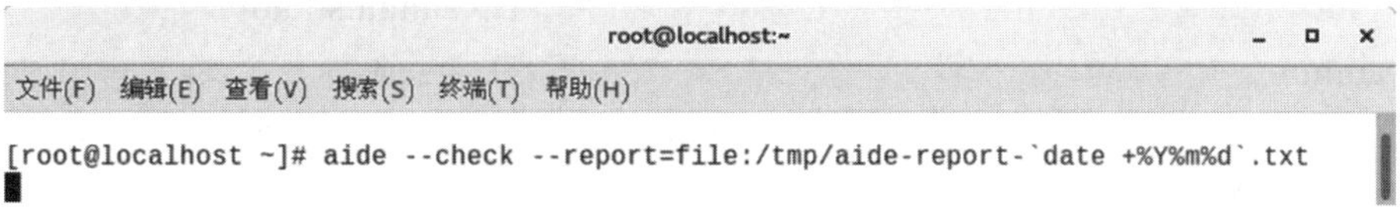

图 2-75　输出检测结果文件

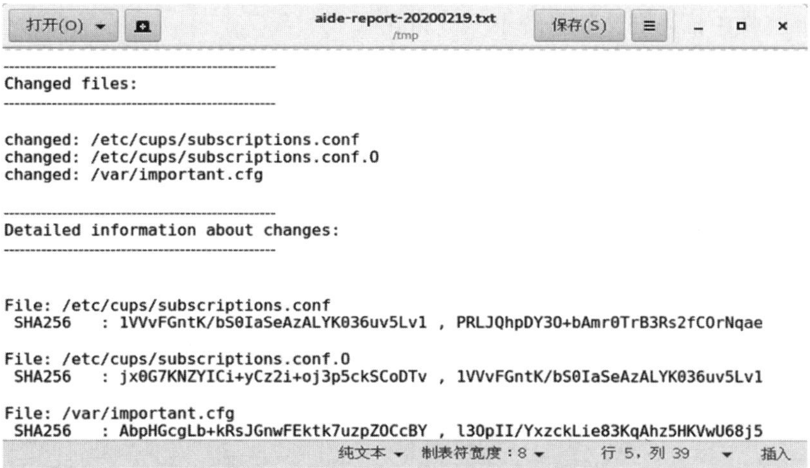

图 2-76　检测结果文件内容

# 练 习 题

1. 下面说法正确的是( )。

A. xfs 是一个文件系统类型，在 CentOS 7 中被作为默认的文件系统类型，替换 ext4

B. swap 为内存交换空间。由于 swap 并不会使用到目录树的挂载，因此用 swap 就不需要指定挂载点

C. LVM 是一种弹性调整文件系统大小的机制，即可以让文件系统变大或变小，而不改变原文件数据的内容

D. xfs 使用 32 位管理空间，文件系统规模可以达到 EB 级别

2. Linux 下，可以使用 chmod 命令为文件或目录赋予权限，但文件的用户身份不能是( )。

A. 文件所有者                    B. 文件的管理员

C. 文件所属组                    D. 其他人

3. 下列查看文件内容的命令中正确的是( )。

A. cat file1                    B. more file1

C. vi file                      D. cp file1 file2

4. chattr 命令可以对系统中的关键文件进行锁定。一旦锁定，即使是( )用户也无法对这些文件进行操作。

A. root                         B. administrator

C. admin                        D. guest

5. 下列关于/etc/fstab 文件的描述，正确的是( )。

A. fstab 文件只能描述属于 Linux 的文件系统

B. CD_ROM 和软盘必须是自动加载的

C. fstab 文件中描述的文件系统不能被卸载

D. 启动时按 fstab 文件的描述内容加载文件系统

# 项目 3  账户与登录安全配置

## 学习目标

本项目主要介绍 Linux 账户与登录的相关安全配置。

## 3.1  Linux 账户简介

Linux 操作系统是一个多用户、多任务的操作系统，它允许多个用户同时登录系统，使用系统资源。Linux 操作系统根据账户区分每个用户的权限来确定用户能够访问的资源及工作的资源环境。访问 Linux 系统的用户都必须拥有账户名和密码，系统中的用户可以分为超级管理员用户、系统用户和普通用户三类。其中，超级管理员的用户名是 root，不能修改用户名，它对系统具有完全的控制权限；系统用户与系统服务相关；普通用户则是用来登录访问操作系统的。

Linux 操作系统使用用户组来管理用户，用户组是用户的集合，每个用户至少属于一个用户组，系统管理员通过对用户组分配权限来设置用户的权限。Linux 操作系统使用 GID 和 UID 识别用户组和用户，系统管理员的 UID 是 0，系统用户的 UID 是 1~999，一般用户的 UID 是 1000~60 000。Linux 系统中与用户管理相关的主要文件有 /etc/passwd、/etc/shadow、/etc/group 和 /etc/gshadow。

下面介绍 /etc/passwd 文件和 /etc/group 文件。

### 1. 账户信息配置文件

Linux 系统中的账户信息配置文件是 /etc/passwd，在该文件中每一个合法用户都对应该文件中的一行记录，如图 3-1 所示。

图 3-1  用户信息配置文件

该文件中每一行都是一个用户的配置信息，使用冒号将其分隔为 7 个部分。

第 1 部分：账户名称。

第 2 部分：账户口令，口令是 x，表明用户的口令是被 /etc/shadow 文件保护的。

第 3 部分：UID，即用户 ID 号。

第 4 部分：GID，即组 ID 号。

第 5 部分：注释性描述。

第 6 部分：用户主目录。

第 7 部分：命令解释器。

### 2. 组管理信息配置文件

Linux 系统中的组管理信息配置文件是 /etc/group，该文件内容如图 3-2 所示。

图 3-2　组管理信息配置文件

该文件中每一行都是一个组的配置信息，使用冒号将其分隔为 4 个部分。

第 1 部分：组的名称。

第 2 部分：用户组口令。口令是 x，表明用户组的口令是被 /etc/group 文件保护的。

第 3 部分：GUID，即组 ID 号。0 表示 root 组，1～999 表示系统用户组，普通用户组的 ID 从 1000 开始。

第 4 部分：组成员。

 ## 3.2　Linux 账户安全

Linux 虽然在众多的操作系统中安全性最高，但并不是说使用 Linux 就能高枕无忧，同样它也存在着许多安全隐患。可以采取以下安全措施来提高 Linux 账户的安全性。

### 1. 禁用多余的账户

Linux 系统是一个多用户、多任务的分时操作系统，任何一个要使用系统资源的用户，都必须先向系统管理员申请一个账号，然后以这个账号的身份进入系统。

用户的账号一方面可以帮助系统管理员对使用系统的用户进行跟踪，并控制他们对系统资源的访问；另一方面也可以帮助用户组织文件，并为用户提供安全性保护。每个用户的账号都拥有一个唯一的用户名和各自的口令。

查看账户信息文件 /etc/passwd。对于一些保留的系统伪账户(如 adm、lp、sync、shutdown、halt、news、uucp、operator、games、gopher 等)可根据需要锁定其登录。

如图 3-3 所示，执行以下命令锁定 games 用户，禁止其登录：

[root@localhost ~]#passwd -l games

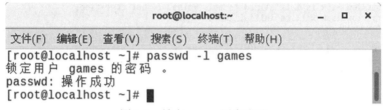

图 3-3　锁定 games 用户登录

### 2. 禁用多余的超级用户

查看 /etc/passwd 文件，检查 user_ID 一列，若 UID 为 0，则该用户拥有超级用户的权限，可以根据需要锁定多余的超级用户。

如图 3-4 所示，执行以下命令列出 UID 为 0 的用户：

[root@localhost ~]#awk -F : '($3 == 0) {print $1}' /etc/passwd

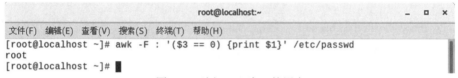

图 3-4　列出 UID 为 0 的用户

### 3. 默认 root 账户的重命名

对于系统默认的用户名，由于它们的某些权限与实际系统的要求可能存在差异，从而造成安全隐患，所以建议对服务器中的 root 账户重命名。

打开 /etc/passwd 和 /etc/shadow 文件，将 root 所在行的第 1 个 root 字段修改为自定义用户名。

### 4. 限制通过 su 命令切换为 root 的用户

一般情况下，普通用户执行 su 命令，可以登录为 root。

为了加强系统的安全性，有必要建立一个管理员的组，只允许这个组的用户执行 su 命令来切换到 root，而让其他组的用户即使执行 su 命令并输入了正确的密码，也无法切换到 root 用户。这个组的名称通常为 wheel。

首先，如图 3-5 所示，修改 /etc/pam.d/su 文件，取消以下行内容前的注释符号"#"，使其生效：

#auth required pam_wheel.so use_uid

```
#%PAM-1.0
auth       sufficient  pam_rootok.so
# Uncomment the following line to implicitly trust users in the "wheel" group.
#auth      sufficient  pam_wheel.so trust use_uid
# Uncomment the following line to require a user to be in the "wheel" group.
auth       required    pam_wheel.so use_uid
```

图 3-5　修改/etc/pam.d/su 文件

然后，如图 3-6 所示，在文件末尾添加以下内容来修改 /etc/login.defs 文件：

　　　　SU_WHEEL_ONLY yes

图 3-6　修改 /etc/login.defs 文件

经过上述操作，只有 wheel 组的用户可以执行 su 命令，从而切换到 root 用户。

如果某个用户需要执行 su 命令切换到 root 用户，则只需要通过以下命令将该用户加入 wheel 组：

　　　　usermod -G wheel username

### 5. 禁止普通用户通过 sudo su 命令进入 root 模式

禁止普通用户通过 sudo su 命令进入 root 的方法如下：

(1) 如图 3-7 所示，使用 root 用户执行以下命令来设置 /etc/sudoers 文件的权限为 777：

　　　　[root@localhost ~]#chmod　777　/etc/sudoers

图 3-7　修改 /etc/sudoers 文件权限

(2) 如图 3-8 所示，添加以下内容来修改 /etc/sudoers 文件：

　　　　apuser ALL=(ALL:ALL) ALL,!/bin/su

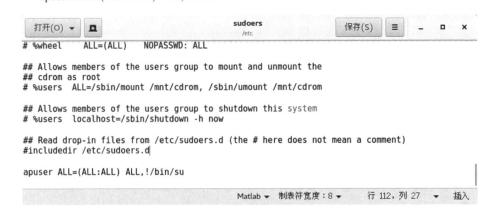

图 3-8　修改 /etc/sudoers 文件

(3) 如图 3-9 所示，使用 root 用户执行以下命令来重新设置 /etc/sudoers 文件的权限为 0440：

[root@localhost ~]#chmod 0440 /etc/sudoers

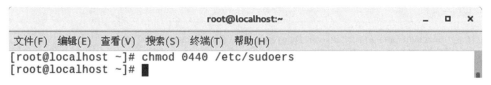

图 3-9　修改 /etc/sudoers 文件权限

# 3.3　账 户 锁 定

Linux 系统管理员为了保障系统安全，需要对某些用户的登录权限进行限制，通常使用的方法是锁定账户。另一方面，为了防止攻击者对系统口令进行暴力破解，需要对账户口令的尝试次数进行限制，即当用户尝试不同口令达到一定次数后锁定该用户口令。

### 1. PAM 简介

Linux-PAM(Linux 可插入认证模块)是一套共享库，它通过提供一些动态链接库和一套统一的 API，将系统提供的服务和该服务的认证方式分开，使系统管理员可以灵活地根据需要给不同的服务配置不同的认证方式而无须更改服务程序，同时也便于向系统中添加新的认证手段。该认证方式不用重新编译一个包含 PAM 功能的应用程序，就可以改变它使用的认证机制。

PAM 使用配置 /etc/pam.d/下的文件来管理对程序的认证方式。应用程序调用相应的配置文件，从而调用本地的认证模块，认证模块放置在 /lib/security 下，表现为动态库的形式。例如，当使用 su 命令时，系统会提示输入 root 用户的密码，这就是 su 命令通过调用 PAM 模块来实现的。

### 2. PAM 的配置文件

PAM 配置文件存放在 /etc/pam.d/目录下，如图 3-10 所示。

图 3-10　PAM 配置文件

PAM 中 login 配置文件的内容如图 3-11 所示，其中第 1 列代表模块类型，第 2 列代表控制标记，第 3 列代表模块名称，第 4 列代表模块参数(如图中的 open)。

图 3-11　PAM 中 login 配置文件内容

获取用户账号和口令是入侵者首先要做的事情，因为有了一个用户账号和口令，将使入侵变得非常简单。在 Linux 中，入侵者最想获取的是 root 账户，因为 root 用户是 Linux 系统默认的超级用户，对系统具有最大的权限。出于拒绝服务的考虑，一般不会限制登录失败的次数，这样入侵者就可以使用暴力口令猜解法，利用无数个口令组合进行口令猜解，直到猜出口令。

对于这种安全威胁，除了选择一个安全的口令和定期更改口令，还可以多留心登录日志里的失败记录，如果在短时间内存在大量登录失败的记录，则为入侵者在猜想口令了。

针对 Linux 上的用户系统口令，可以通过锁定多次尝试登录失败的用户、增加密码设置强度和设置密码不能重复的次数的方法来解决。

1) 配置策略锁定多次尝试登录失败的用户

锁定多次尝试登录失败的用户，能够有效防止针对系统用户密码的暴力破解；配置策略锁定多次尝试登录失败的用户，带来的最大好处便是让"猜"密码包括部分暴力破解密码的方式失去意义。

在 /etc/pam.d/login 中添加如下内容：

    auth required pam_tally2.so deny=3 unlock_time=5 even_deny_root root_unlock_time=10

上述参数的含义是：even_deny_root 表示除了限制其他普通用户，也限制 root 用户；deny 表示设置普通用户和 root 用户连续错误登录的最大次数，若超过最大次数，则锁定该用户；unlock_time 表示设定普通用户被锁定后，多少时间解锁，单位是秒；root_unlock_time 表示设定 root 用户被锁定后，多少时间解锁，单位是秒。综上所述，即表示最多连续 3 次认证登录都出错时，普通用户和 root 用户都会被锁定，普通用户 5 秒后解锁，root 用户 10 秒后解锁，如图 3-12 所示。

图 3-12　锁定多次尝试登录失败的用户

通过设置 PAM 的 pam_tally2.so 模块，可以在用户登录输错密码 N 次后锁定账号一定时间，到期自动解除限制登录。

通过以下命令可以查看 test2 用户的错误登录次数及详细信息：

　　　　[root@localhost ~]# pam_tally2 --user test2

通过以下命令可以清空 test2 用户的错误登录次数，即手动解锁：

　　　　[root@localhost ~]# pam_tally2 --user　test2 --reset

2) 配置策略增加设置密码强度

加强密码设置的强度，可以增加密码破译的难度，降低系统被破坏的可能性。

(1) 修改/etc/login.defs 文件，内容如下：

　　　　PASS_MAX_DAYS　　99999　　　　　　　# 密码最长过期天数

　　　　PASS_MIN_DAYS　　0　　　　　　　　　# 密码最小过期天数

　　　　PASS_MIN_LEN　　　5　　　　　　　　　# 密码最小长度

　　　　PASS_WARN_AGE　　7　　　　　　　　　# 密码过期警告天数

(2) 修改 /etc/pam.d/system-auth 文件，将 "password requisite pam_cracklib.so" 所在行的内容替换成以下内容：

　　　　password　　requisite pam_cracklib.so retry=5　　difok=3 minlen=10 ucredit=-1

　　　　lcredit=-3 dcredit=-3 ocredit=-1

上述参数的含义：尝试次数为 5；最少不同字符数为 3；最小密码长度为 10；最少大写字母数为 1；最少小写字母数为 3；最少数字数量为 3；最少标点符号数为 1。如果用户尝试了 3 次修改密码，密码强度还是不够，则系统自行退出修改密码程序，如图 3-13、图 3-14 所示。

图 3-13　密码复杂度设置

图 3-14　用户更改密码 3 次均不符合条件即退出更改密码程序

3) 设置用户密码不能够重复的次数

为了防止用户在一段时期内修改的密码重复使用前期的密码，系统管理员可以配置系统记录最近几个密码，在用户修改密码时系统将检测新密码是否为以前已经使用过的密码，该配置需要在 /ect/pam.d/system-auth 文件的 "password　　　　sufficient　　　　pam_unix.so" 行的最后添加 "remember=5"，其中 5 就表示记住最近 5 次密码，如图 3-15 所示。

图 3-15　设置记住最近密码次数为 5 次

### 3. 通过修改用户的 shell 类型来禁止用户登录

通过将 /etc/passwd 文件中用户登录的 shell 类型修改为 /sbin/nologin，可以对用户进行锁定。通过上述方法锁定用户后，用户在尝试登录系统时，可以看到通过 /etc/nologin.txt 文件给出的指定提示信息，如图 3-16、图 3-17 所示。

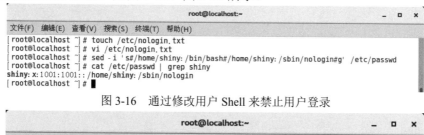

图 3-16　通过修改用户 Shell 来禁止用户登录

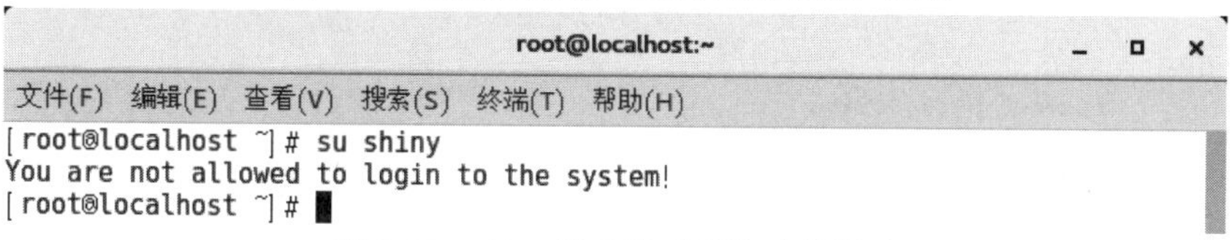

图 3-17　shiny 用户登录系统时的提示

### 4. 设置登录超时时间

登录超时就是终端上超过多长时间没有任何操作时连接会中断，这个时间就是登录超时时间。

(1) 下面介绍针对所有用户查看和设置登录超时时间的方法。

- 查看超时时间参数，命令如下：

  [root@localhost ~]#cat /etc/profile|grep TMOUT -n

- 用 sed 命令修改 TMOUT 为 60 秒，命令如下：

  [root@localhost ~]#sed -i 's@TMOUT=60@TMOUT=60@' /etc/profile

- 查看修改后的 TMOUT 参数，命令如下：

  [root@localhost ~]#cat /etc/profile|grep TMOUT -n

- 不用重启系统让修改立即生效，命令如下：

  [root@localhost ~]#source /etc/profile

(2) 下面介绍针对特定用户设置登录超时时间的方法。

编辑 andy 用户主目录下的 .bash_profile 文件，在该文件中添加 "export TMOUT=90" 项，然后使用命令 source /home/andy/.bash_profile 使其立即生效，如图 3-18 所示。

图 3-18　设置 andy 用户登录超时时间

**5. 单用户重置 root 用户密码**

单用户重置 root 用户密码的步骤如下：

(1) 启动 CentOS，进入系统的界面，按 "e" 进入编辑页面，如图 3-19 所示。

```
CentOS Linux (3.10.0-693.el7.x86_64) 7 (Core)
CentOS Linux (0-rescue-40bc70d1c7034bdeac23d34acaa51033) 7 (Core)



Use the ↑ and ↓ keys to change the selection.
Press 'e' to edit the selected item, or 'c' for a command prompt.
```

图 3-19    编辑页面

(2) 找到以 "linux16" 开头的行，在该行的最后添加内容 "init=/bin/sh"，如图 3-20、图 3-21 所示。

```
        insmod part_msdos
        insmod ext2
        set root='hd0,msdos1'
        if [ x$feature_platform_search_hint = xy ]; then
          search --no-floppy --fs-uuid --set=root --hint-bios=hd0,msdos1 --hin\
t-efi=hd0,msdos1 --hint-baremetal=ahci0,msdos1 --hint='hd0,msdos1'  c2926503-f\
bac-4c73-b058-ffab7c223e42
        else
          search --no-floppy --fs-uuid --set=root c2926503-fbac-4c73-b058-ffab\
7c223e42
        fi
        linux16 /vmlinuz-3.10.0-693.el7.x86_64 root=UUID=48beb6c4-2008-4fbd-82\
59-d1cdeb1e09c8 ro crashkernel=auto rhgb quiet LANG=zh_CN.UTF-8
        initrd16 /initramfs-3.10.0-693.el7.x86_64.img


     Press Ctrl-x to start, Ctrl-c for a command prompt or Escape to
     discard edits and return to the menu. Pressing Tab lists
     possible completions.
```

图 3-20    编辑启动项

```
        insmod part_msdos
        insmod ext2
        set root='hd0,msdos1'
        if [ x$feature_platform_search_hint = xy ]; then
          search --no-floppy --fs-uuid --set=root --hint-bios=hd0,msdos1 --hin\
t-efi=hd0,msdos1 --hint-baremetal=ahci0,msdos1 --hint='hd0,msdos1'  c2926503-f\
bac-4c73-b058-ffab7c223e42
        else
          search --no-floppy --fs-uuid --set=root c2926503-fbac-4c73-b058-ffab\
7c223e42
        fi
        linux16 /vmlinuz-3.10.0-693.el7.x86_64 root=UUID=48beb6c4-2008-4fbd-82\
59-d1cdeb1e09c8 ro crashkernel=auto rhgb quiet LANG=zh_CN.UTF-8 init=/bin/sh
        initrd16 /initramfs-3.10.0-693.el7.x86_64.img
_

     Press Ctrl-x to start, Ctrl-c for a command prompt or Escape to
     discard edits and return to the menu. Pressing Tab lists
     possible completions.
```

图 3-21    添加参数

(3) 按 "Ctrl+X" 组合键，进入单用户模式，如图 3-22 所示。

```
     sh-4.2# _
```

图 3-22    进入单用户模式

(4) 输入 mount -o remount, rw / 命令(mount 与 -o 之间、rw 与 / 之间有空格)，如图 3-23 所示。

```
sh-4.2# mount -o remount,rw /_
```

图 3-23  重新挂载

(5) 输入 passwd 命令，修改 root 密码，如图 3-24 所示。

```
sh-4.2# mount -o remount,rw /
sh-4.2# passwd
■ ■ ■ ■  root ■ ■ ■  ■
■ ■  ■ ■ ■ ■
■ ■ ■ ■ ■ ■  ■ ■ ■ ■  8 ■ ■ ■
■ ■ ■ ■ ■ ■ ■ ■
passwd■ ■ ■ ■ ■ ■ ■ ■ ■ ■ ■ ■ ■ ■ ■ ■
sh-4.2#
```

图 3-24  重置 root 密码

(6) 更新 password 文件会导致 SELinux 安全上下文文件错误，因此输入 touch /.autorelabel 命令，在下次系统引导前重新标记所有文件，如图 3-25 所示。

```
sh-4.2# mount -o remount,rw /
sh-4.2# passwd
■ ■ ■ ■  root ■ ■ ■  ■
■ ■  ■ ■ ■ ■
■ ■ ■ ■ ■ ■  ■ ■ ■ ■  8 ■ ■ ■
■ ■ ■ ■ ■ ■ ■ ■
passwd■ ■ ■ ■ ■ ■ ■ ■ ■ ■ ■ ■ ■ ■ ■ ■
sh-4.2# touch /.autorelabel
```

图 3-25  重新标记上下文

(7) 输入 exec /sbin/init 命令，如图 3-26 所示。

```
sh-4.2# mount -o remount,rw /
sh-4.2# passwd
■ ■ ■ ■  root ■ ■ ■  ■
■ ■  ■ ■ ■ ■
■ ■ ■ ■ ■ ■  ■ ■ ■ ■  8 ■ ■ ■
■ ■ ■ ■ ■ ■ ■ ■
passwd■ ■ ■ ■ ■ ■ ■ ■ ■ ■ ■ ■ ■ ■ ■ ■
sh-4.2# touch /.autorelabel
sh-4.2# exec /sbin/init
```

图 3-26  执行 init 命令

(8) 系统会自动重启，然后可用刚重置的密码登录系统，如图 3-27 所示。

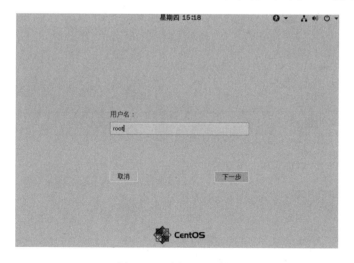

图 3-27  重新登录系统

# 任务 3　设置 GRUB 保护密码

 **实践目标**

掌握 GRUB 保护密码的设置方法。

设置操作系统的
GRUB 密码

 **应用需求**

通常情况下,人们可以毫不费力地进入系统的 GRUB 引导界面。但是,这样就可能会存在安全隐患。尤其对于服务器来说,其安全性是最重要的考量。为了防止他人通过进入单用户模式来修改 root 密码,必须采取一些措施。例如,可以通过添加 GRUB 保护密码来提升安全性。

 **需求分析**

CentOS 7 的 grub.cfg 文件不能直接被修改,要通过修改 /etc/default/grub 来间接编辑。

GRUB2 取代了 GRUB,逐渐成为主流,其引导菜单启动从 /boot 自动生成,而不是 menu.lst 手工配置。具体内容参照 /boot/grub2/grub.cfg 文件,因为每次执行 grub2-mkconfig 后自动生成该文件,所以修改的该文件在内核升级后会失效。

 **解决方案**

设置 GRUB 保护密码的具体步骤如下:

(1) 编辑 /etc/grub.d/10_linux 文件,在文件中添加以下内容:

```
cat <<EOF
set superusers="username"
password username userpassword
EOF
```

以上内容中的 username 是用户名,userpassword 是密码,可以根据自己的情况设定,如图 3-28 所示。

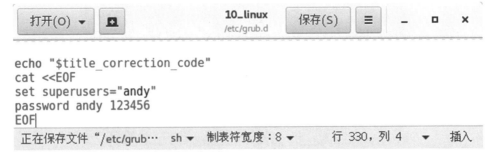

图 3-28　编辑 /etc/grub.d/10_linux 文件

(2) 执行 grub2-mkpasswd-pbkdf2 命令，生成新的 grub 文件，如图 3-29 所示。

图 3-29　生成新的 grub 文件

(3) 执行 grub2-mkconfig --output=/boot/grub2/grub.cfg 命令，生成 grub.cfg 文件，如图 3-30 所示。

图 3-30　生成 grub.cfg 文件

(4) 重启计算机，按"e"键进入 GRUB 模式，提示需要输入用户名和密码，如图 3-31 所示。

图 3-31　提示输入用户名密码

# 练　习　题

1. 解锁被锁定的账户使用(　　)命令。

A. passwd -o　　　　　　　　　　　　　B. passwd -u

C. passwd -l　　　　　　　　　　　　　D. passwd -W

2. 下面命令中可以在不注销的情况下，切换到系统中的另一个用户的是(　　)。

A. lastlog　　　　　　　　　　　　　　B. usermod

C. sudo　　　　　　　　　　　　　　　D. su

3. 在 Linux 中，当 root 密码丢失后，应该(　　)。

A. 使用软盘启动直接进入系统

B. 进入单用户模式后修改 root 密码

C. 进入系统维护模式后修改 root 密码

D. 重新安装系统

4. 清除用户 user1 的登录密码，使该用户无密码登录，可使用(　　)命令。

A. passwd -l user1

B. passwd -u user1

C. passwd -d user1

D. passwd -n user1

5. 下面命令中可以查询用户的 UID 及其所属组的 GID 的是(　　)。

A. users

B. w

C. id

D. who

# 项目 4　防火墙安全配置

## 学习目标

本项目主要介绍防火墙的基本概念和 Linux 下包过滤防火墙的使用，使读者掌握通过包过滤技术来控制哪些数据可以流通和哪些数据无法流通的方法，借此达到增强网络安全的目的。

## 4.1　Linux 防火墙简介

为了增强网络的安全性，可以在本地网络和外部网络之间架设防火墙，通过防火墙策略来达到此目的。

防火墙产品可以分为硬件防火墙和软件防火墙两种，不管是硬件防火墙还是软件防火墙，都可以按照防火墙对内外来往数据的处理方法大致分为：包过滤防火墙、代理防火墙、NAT 以及主动检测防火墙。

## 4.2　包过滤防火墙概述

包过滤(Packet Filter)防火墙内置于 Linux 系统的内核中。它和人们日常生活中门卫的作用类似，门卫把守着企业大门，根据上级的指示允许或拒绝某些人员出入，包过滤防火墙技术也是采用一个"门卫"(软件)查看所流经的数据包的包头，由此决定整个数据包的命运。包过滤防火墙技术是在网络层或传输层中对经过的数据包进行筛选，筛选的依据是系统内设置的过滤规则，被称为访问控制列表(ACL)。包过滤防火墙通过检查数据流中每个数据包的源地址、目的地址、所用的协议、端口号等信息，或它们的组合来决定是否允许该数据包通过。它可能会决定丢弃(drop)这个数据包，也可能会接受(accept)这个数据包。如图 4-1 所示是包过滤防火墙常用的一种模式，其主要用来阻隔外部网络对主机的威胁。

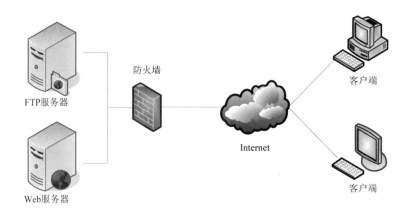

图 4-1　包过滤防火墙示意图

包过滤防火墙有以下两种基本的默认访问控制策略：

· 一种是先禁止所有的数据包通过，然后再根据需要允许满足匹配规则的数据包通过。

· 一种是先允许所有的数据包通过，然后再根据需要拒绝满足匹配规则的数据包通过。

原则上，一般采用第一种策略。包过滤防火墙都有一个包检查模块，该模块在操作系统或路由器转发包之前将拦截所有的数据包，并对其进行验证，查看是否满足过滤规则。它的工作原理如图 4-2 所示。

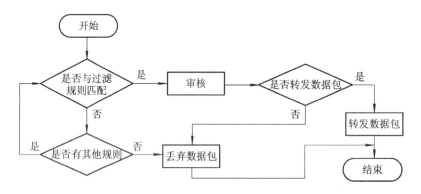

图 4-2　包过滤防火墙工作原理

由图 4-2 可知，包过滤防火墙的工作流程如下：

(1) 数据包从外网传送给防火墙后，防火墙在 IP 层向 TCP 层传输数据前，将数据包转发给包检查模块进行处理。

(2) 与第一条过滤规则进行比较。

(3) 如果与第一条过滤规则匹配，则进行审核，判断是否允许传输该数据包，如果允许则传输，否则查看该规则是否阻止该数据包通过，如果阻止则将该数据包丢弃。

(4) 如果与第一条过滤规则不同，则查看是否还有下一条规则。如果有，则与下一条规则匹配，如果匹配成功，则进行与(3)相同的审核过程。

(5) 依次类推，一条一条规则匹配，直到最后一条过滤规则。如果该数据包与所有的过滤规则均不匹配，则采用防火墙的默认访问控制策略(丢掉该数据包，或允许该数据包通过)。

包过滤防火墙的优点是具有透明性、处理速度快并且易维护。其不足之处是，一旦非法访问突破防火墙，即可对主机上的软件和配置漏洞进行攻击。由于数据包的源地址、目标地址和 IP 端口都在数据包的头，黑客可通过伪造这些信息来攻击防火墙。

包过滤防火墙是通过对数据包的 IP(Internet Protocol，因特网互联协议)头或 UDP(User Datagram Protocol，用户数据报协议)头的检查来实现的，主要的过滤信息有：IP 源地址、IP 目的地址、协议(如 TCP 包、UDP 包和 ICMP 包)、TCP 或 UDP 包的源端口、TCP 或 UDP 包的目的端口、ICMP 消息类型、TCP 包头中的 ACK 位、数据包到达的端口和数据包出去的端口。

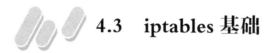

# 4.3　iptables 基础

netfilter/iptables(简称 iptables，网络过滤器)是 Linux 内核集成的 IP 信息包过滤系统。iptables 是一个免费的包过滤防火墙，可以替代昂贵的商业防火墙软件，完成封包过滤、封包复位和网络地址转换等功能。

iptables 是一个用来指定 netfilter 规则和管理内核包过滤的工具，它为用户配置防火墙规则提供了方便，iptables 可加入、删除或插入核心包过滤规则中的规则，其基本作用如下：

- 建立 Internet 防火墙和基于状态的包过滤。
- 用 NAT 和伪装共享上网。
- 用 NAT 实现透明代理。
- 和 tc + iproute2 配合使用，从而实现 QoS 路由。
- 可在 mangle 表中利用规则修改 IP 包头的 TOS 字段来实现更复杂的功能。
- 对各种网络地址进行翻译。

## 4.3.1　netfilter/iptables 架构

netfilter/iptables 最早是与 2.4 内核版本的 Linux 系统集成的 IP 信息包过滤系统。它与 ipfwadm 和 ipchains 相比，使用户更易于理解其工作原理，更容易使用，也具有更强大的功能。netfilter/iptables 由 netfilter 和 iptables 两个组件组成。

### 1. netfilter 组件(内核空间)

netfilter 组件被称为内核空间，它集成在 Linux 的内核中。netfilter 是一种内核中用于扩展各种网络服务的结构化底层框架。netfilter 的设计思想是生成一个模块结构使之能够比较容易实现扩展，新的特性加入到内核中并不需要重新启动内核。这样，可以通过简单地构造一个内核模块来实现网络新特性的扩展，给底层的网络特性扩展带来了极大的便利，使更多从事网络底层研发的人员能够集中精力实现新的网络特性。

netfilter 主要由信息包过滤表(tables)组成，包含了控制 IP 包处理的规则集(rules)。根据规则处理 IP 数据包，规则以分组的形式存放在链(chains)中，从而使内核对来自某些源、前往某些目的地或具有某些协议类型的信息包进行处置，如完成信息包的处理、控制和过滤等工作。图 4-3 显示了 netfilter 的总体结构。

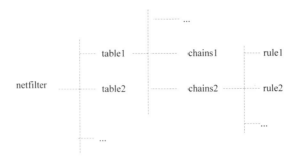

图 4-3    netfilter 框架

由图 4-3 可知，netfilter 中的表由若干个链组成，而每条链中可以由一条或者多条规则组成。可以这样理解，netfilter 是表的容器，表是链的容器，而链又是规则的容器。

1) 规则(rules)

规则存储在内核空间的信息包过滤表中，这些规则分别指定了源 IP 地址、目的 IP 地址、传输协议、服务类型等。当数据包与规则匹配时，就根据规则所定义的方法来处理这些数据包，如放行(accept)、丢弃(drop)等。

2) 链(chains)

链是数据包传播的路径，每一条链其实就是众多规则中的一个检查清单，每一条链中可以有一条或数条规则。当数据包到达一条链时，会从链中第一条规则开始检查，看该数据包是否满足规则所定义的条件。如果数据包满足条件，系统就会根据该条规则所定义的方法来处理该数据包，否则将继续检查下一条规则。如果该数据包不符合链中任意一条规则，则会根据该链预先定义的默认策略来处理数据包。

3) 表(tables)

netfilter 中内置有 3 张表：filter 表、nat 表和 mangle 表。

(1) filter 表主要用于数据包的过滤，该表根据系统管理员预定义的一组规则过滤符合条件的数据包。对于防火墙而言，主要是通过在 filter 表中指定一系列规则来实现对数据包的过滤操作。filter 表是 iptables 默认的表，如果没有指定使用的表，iptables 就默认使用 filter 表来执行所有的命令。filter 表包含了 INPUT 链(处理进入的数据包)、FORWARD 链(处理转发的数据包)和 OUTPUT 链(处理本地生成的数据包)。在 filter 表中只允许对数据包进行接受或丢弃的操作，而无法对数据包进行更改。

(2) nat 表主要用于网络地址转换，该表可以实现一对一、一对多和多对多的网络地址转换工作。iptables 使用该表实现共享上网功能。nat 表包含了 PREROUTING 链(修改即将到来的数据包)、OUTPUT 链(修改在路由之前本地生成的数据包)和 POSTROUTING 链(修改即将出去的数据包)。

(3) mangle 表主要用于对指定的包进行修改。在某些特殊应用中可能会需要修改数据包的传输特性，如修改数据包的 TTL、TOS 和 MARK，不过在实际应用中该表的使用率不高。该表包括 PREROUTING、INPUT、FORWARD、OUTPUT 和 POSTROUTING

五个链。

### 2. iptables 组件(用户空间)

iptables 组件是一个简洁且强大的工具，也被称为用户空间。用户通过它来插入、删除和修改规则链中的规则，这些规则用于告诉内核中的 netfilter 组件如何去处理信息包。

## 4.3.2　iptables 传输数据包过程

iptables 传输数据包的过程如图 4-4 所示。

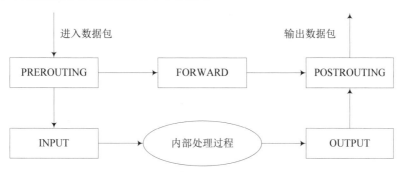

图 4-4　iptables 传输数据包过程

由图 4-4 可知，当一个数据包进入计算机网络适配器时，数据包首先进入 PREROUTING 链，内核根据数据包的 IP 来判断是否需要转送出去。若数据包是进入本机系统的，则数据包就会被发送到 INPUT 链，当数据包进入 INPUT 链后，系统的所有进程都会收到它，本机上运行的程序都可以发送该数据包，这些数据包会经过 OUTPUT 链，再通过 POSTROUTING 链发出；若数据包不是发至本机的，且内核允许转发，则数据包会经过 FORWARD 链到达 POSTROUTING 链并转发出去。

另外，为了完成转发，必须先打开系统内核的路由转发功能，使 Linux 系统具备路由转发功能。可以使用下面两种方法打开路由转发功能：

- 修改内核变量 ip_forward，命令如下：

    [root@localhost ~]# echo "1" > /proc/sys/net/ipv4/ip_forward

- 修改 /etc/sysctl.conf 文件，将"net.ipv4.ip_forward"的值设置为 1。

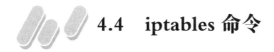 **4.4　iptables 命令**

因为 iptables 防火墙内置于系统内核中，随系统的安装而自动安装的，它被设计成为内部命令的方式，所以配置 iptables 防火墙可以以命令的方式进行操作。

## 4.4.1　iptables 规则要素

一条 iptables 规则应包括表(tables)、操作命令(command)、链(chains)、规则匹配器

(matcher)和目标动作(target)5 个要素。

- 表：iptables 内置了 3 张表，分别是 filter、nat 和 mangle。对于包过滤防火墙只使用 filter 表。
- 操作命令：包括添加、删除和更新等操作。
- 链：对于包过滤防火墙可操作 filter 表中的 INPUT 链、OUTPUT 链和 FORWARD 链，也可以操作自定义链。
- 规则匹配器：指 IP 地址、端口或包类型等。
- 目标动作：指当一个规则匹配一个包时，真正要执行的任务用目标标识，最常用的内置目标有 ACCEPT(允许通过)、DROP(丢弃)、REJECT(拒绝包)、LOG(写入日志)和 TOS(改写包的 ToS 值)。

### 4.4.2    iptables 语法

iptables 直接以命令的方式操作，其最常见的语法如下：

iptables [-t 表名] -命令 [链名] 匹配条件 目标动作

【注】iptables 命令中所有参数和选项都区分大小写。例如，-I 代表插入，而 -i 代表网络接口。

表名用于指定应用于哪个 iptables 表，iptables 内置了 filter、nat 和 mangle，共 3 张表，用户也可以自定义表名。如果没有用 -t 参数指定表名，则默认为 filter 表。

#### 1. iptables 命令中的常用操作选项

表 4-1 列出了 iptables 的常用操作选项及其含义。

**表 4-1    iptables 命令的常用操作选项及其含义**

| 选　项 | 含　义 |
|---|---|
| -P 或 --policy <链名> | 定义默认策略 |
| -L 或 --list [链名] | 查看 iptables 规则列表，如果不指定链，则列出所有链中的所有规则 |
| -A 或 --append <链名> | 在规则列表的最后增加一条规则 |
| -I 或 --insert <链名> | 在指定的链中插入一条规则 |
| -D 或 --delete <链名> | 从规则列表中删除一条规则 |
| -R 或 --replace <链名> | 替换规则列表中的某条规则 |
| -F 或 --flush [链名] | 清除指定链和表中的所有规则。如果不指定链，则所有链都被清空 |
| -Z 或 --zero [链名] | 将表中数据包计数器和流量计数器归零 |
| -N 或 --new-chain <链名> | 创建一个用户自定义的链 |
| -X 或 --delete-chain [链名] | 删除链 |
| -C 或 --check <链名> | 检查给定的包是否与指定链的规则相匹配 |
| -E 或 --rename-chain <旧链名> <新链名> | 更改用户自定义的链的名称 |
| -h | 显示帮助信息 |

### 2. iptables 命令中的常见规则匹配

表 4-2 列出了 iptables 命令中的常见规则匹配及其含义。

表 4-2　iptables 命令中常见的匹配规则及其含义

| 选　项 | 含　义 |
|---|---|
| -i 或 --in-interface <网络接口> | 指定数据包从哪个网络接口进入，如 eth0、eth1 或 ppp0 等 |
| -o 或 --out-interface <网络接口> | 指定数据包从哪个网络接口输出，如 eth0、eth1 或 ppp0 等 |
| -p 或 --protocol [!] <协议类型> | 指定数据包匹配的协议，如 TCP、UDP 和 ICMP 等。"!"表示除该协议之外的其他协议 |
| -s 或 --source [!] address[/mask] | 指定数据包匹配的源 IP 地址或子网。"!"表示除了该 IP 地址或子网 |
| -d 或 --destination [!] address[/mask] | 指定数据包匹配的目的 IP 地址或子网。"!"表示除了该 IP 地址或子网 |
| --sport [!] port[:port] | 指定匹配的源端口或端口范围 |
| --dport [!] port[:port] | 指定匹配的目标端口或端口范围 |

### 3. iptables 目标动作选项

目标动作选项用于指定数据包与规则匹配时，应该执行的操作，如接受、丢弃等。iptables 目标动作选项及其含义如表 4-3 所示。

表 4-3　iptables 目标动作选项及其含义

| 选　项 | 含　义 |
|---|---|
| ACCEPT | 接受数据包 |
| DROP | 丢弃数据包 |
| REDIRECT | 将数据包重定向到本机或另一台主机的某个端口，通常用于实现透明代理或对外开放内网的某些服务 |
| SNAT | 源地址转换，即改变数据包的源 IP 地址 |
| DNAT | 目标地址转换，即改变数据包的目的 IP 地址 |
| MASQUERADE | IP 伪装，即 NAT。MASQUERADE 只用于 ADSL 拨号上网的 IP 伪装。如果主机的 IP 地址是静态的，则应使用 SNAT |
| LOG 日志功能 | 将符合规则的数据包的相关信息记录在日志中，以便管理员进行分析和排错 |

### 4. 制定永久性规则

利用 iptables 配置的规则集只对本次登录有效。iptables 提供了两个命令，分别用于保存和恢复规则集。

转储在内存中的规则集的命令如下：

```
[root@localhost ~]#iptables-save > /etc/sysconfig/iptables
```

在下次启动机器时，恢复规则库的命令如下：

[root@localhost ~]#iptables-restore < /etc/sysconfig/iptables

其中，/etc/sysconfig/iptables 是 iptables 守护进程调用的默认规则集文件。

### 5．iptables 命令使用举例

【例 4-1】　清除所有链中的规则，命令如下：

[root@localhost ~]#iptables -F

【例 4-2】　设置 filter 表中 3 个链的默认配置策略为拒绝，命令如下：

[root@localhost ~]#iptables -P INPUT DROP

[root@localhost ~]#iptables -P OUTPUT DROP

[root@localhost ~]#iptables -P FORWARD DROP

【例 4-3】　查看所有链的规则列表，命令如下：

[root@localhost ~]#iptables -L

【例 4-4】　添加一个用户自定义的链 custom，命令如下：

[root@localhost ~]#iptables -N custom

【例 4-5】　在 filter 表的 INPUT 链的最后添加一条规则，此规则为对来自 192.168.1.1 这台主机的数据包丢弃，命令如下：

[root@localhost ~]#iptables -A INPUT -s 192.168.1.1 -j DROP

【例 4-6】　在 filter 表中的 INPUT 链的第 3 条规则前面插入一条规则，此规则为允许来自非 192.168.3.0/24 网段的主机对本机的 25 端口的访问，命令如下：

[root@localhost ~]#iptables -I INPUT 3-s ! 192.168.3.0/24 -p tcp --dport 25-j ACCEPT

【例 4-7】　在 filter 表的 INPUT 链中添加一条规则，此规则为拒绝外界主机访问本机 TCP 协议的 100 至 1024 端口，命令如下：

[root@localhost ~]#iptables -A INPUT -p tcp --dport 100:1024 -j DROP

【例 4-8】在 filter 表的 INPUT 链中添加一条规则，此规则为拒绝来自其他主机的 ping 请求，命令如下：

[root@localhost ~]#iptables -A INPUT -p icmp --icmp-type 8 -j DROP

【例 4-9】　接受来自网络 222.206.100.0/24 的数据包通过，命令如下：

[root@localhost ~]#iptables -A FORWARD-s 222.206.100.0/24 -j ACCEPT

【例 4-10】　对于所有的 ICMP 数据包进行限制，允许每秒通过一个数据包，该限制的触发条件是 10 个包，命令如下：

[root@localhost ~]#iptables -A FORWARD -p icmp -m limit --limit 1/s --limit-burst 10 -j ACCEPT

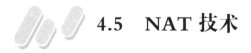

# 4.5　NAT 技术

在传统标准的 TCP/IP 通信过程中，所有的路由器仅仅是充当一个中间人的角色，也就是通常所说的存储转发，路由器并不会对转发的数据包进行修改，更为确切地说，除将源

MAC 地址换成自己的 MAC 地址以外，路由器不会对转发的数据包做任何修改。而 NAT(Network Address Translation，网络地址转换)恰恰是出于某种特殊需要而对数据包的源 IP 地址、目的 IP 地址、源端口、目的端口等进行改写的操作。

NAT 位于使用专用地址的 Intranet 和使用公用地址的 Internet 之间，主要具有以下几种功能：

- 从 Intranet 传出的数据包由 NAT 将它们的专用地址转换为公用地址。
- 从 Internet 传入的数据包由 NAT 将它们的公用地址转换为专用地址。
- 支持多重服务器和负载均衡。
- 实现透明代理。

计算机在内网中使用未注册的专用 IP 地址，而在与外部网络通信时使用注册的公用 IP 地址，这样大大降低了连接成本。同时，NAT 将内部网络隐藏起来，起到了保护内部网络的作用，因为对外部用户来说只有使用公用 IP 地址的 NAT 是可见的，类似于防火墙的安全措施。

### 4.5.1　NAT 的分类

在 Linux 中，NAT 分为以下两种类型：

- SNAT(Source NAT，源地址转换)。SNAT 指修改第一个包的源 IP 地址，它会在包送出之前的最后一刻做好 Post-Routing(路由之后)的动作。Linux 中的 IP 伪装(MASQUERADE)就是 SNAT 的一种特殊形式。所谓 SNAT，就是改变转发数据包的源地址。

- DNAT(Destination NAT，目的地址转换)。DNAT 是指修改第一个包的目的 IP 地址，它总是在包进入后立刻进行 Pre-Routing(路由之前) 动作。端口转发、负载均衡和透明代理均属于 DNAT。所谓 DNAT，就是改变转发数据包的目的地址。

### 4.5.2　NAT 的原理

netfilter 是 Linux 核心中的一个通用架构，它提供了一系列的表，每个表由若干链组成，而每条链中可以有一条或数条规则。系统缺省的表是 filter，但是在使用 NAT 的时候，所使用的表不再是 filter，而是 nat 表，此时必须使用"-t nat"选项来突出地指明这一点。因此，使用 filter 功能时，没有必要突出地指明"-t filter"。同 filter 表一样，nat 表也有三条缺省的链，这三条链也是规则的容器，它们分别是：

- PREROUTING：可以在这里定义进行目的 NAT 的规则，因为路由器进行路由时只检查数据包的目的 IP 地址，所以为了使数据包得以正确路由，必须在路由之前就进行目的 NAT。

- POSTROUTING：可以在这里定义进行源 NAT 的规则，系统在决定了数据包的路由以后再执行该链中的规则。

- OUTPUT：定义对本地产生的数据包的目的 NAT 的规则。

用户使用 iptables 命令设置 NAT 规则时，这些规则都存储在 nat 表中。设置的这些规则都具有目标动作，它们会告诉内核对特定的数据包做什么操作。根据规则所处理的信息包类型，可以将规则分组存放在链中，主要有以下几种类型：

- 要做源 IP 地址转换的数据包的规则被添加到 POSTROUTING 链中。
- 要做目的 IP 地址转换的数据包的规则被添加到 PREROUTING 链中。
- 直接从本地出去的数据包的规则被添加到 OUTPUT 链中。

数据包穿越 NAT 的流程如图 4-5 所示。

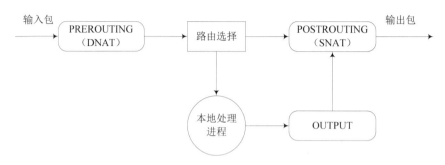

图 4-5    数据包穿越 NAT 流程

对图 4-5 中重要部分的介绍如下：

- DNAT。若包是被送往 PREROUTING 链的，并且匹配了规则，则执行 DNAT 或 REDIRECT 目标。为了使数据包得到正确的路由，必须在路由之前进行 DNAT。
- 路由。内核检查信息包的头信息，尤其是信息包的目的地。
- 本地处理进程。处理本地进程产生的包，对 nat 表 OUTPUT 链中的规则进行规则匹配，对匹配的包执行目标动作。
- SNAT。若包是被送往 POSTROUTING 链的，并且匹配了规则，则执行 SNAT(公网 IP 地址为静态的)或 MASQUERADE(公网 IP 地址为从 ISP 处动态分配的)目标。系统在决定了数据包的路由之后才执行该链中的规则。

### 4.5.3    NAT 的操作语法

在使用 iptables 的 NAT 功能时，必须在每一条规则中使用 "-t nat" 突出地指明使用 nat 表。其命令格式如下：

    iptables -t 表名 <-A/I/D/R> 规则链名 [规则号] <-i/o 网卡名> -p 协议名 <-s 源 IP/源子网> --sport 源端口 <-d 目标 IP/目标子网> --dport 目标端口 -j 动作

下面介绍命令中各选项的使用。

#### 1. 对规则的操作

- -A：在一个链的最后加入(append)一个新规则。
- -I：在链内某个位置插入(insert)一个新规则，通常是将其插在链的最前面。
- -R：在链内某个位置替换(replace)一条规则。
- -D：在链内某个位置删除(delete)一条规则。

#### 2. 指定源地址和目的地址

通过 --source/--src/-s 来指定源地址，通过 --destination/--dst/-d 来指定目的地址。可以使用以下 4 种方法来指定 IP 地址：

- 使用完整的域名，如 www.linuxaid.com.cn。

- 使用 IP 地址，如 192.168.1.1。
- 用 X.X.X.X/X.X.X.X 指定一个网络地址，如 192.168.1.0/255.255.255.0。
- 用 X.X.X.X/X 指定一个网络地址，如 192.168.1.0/24，这里的 24 表明了子网掩码的有效位数，缺省的子网掩码数是 32。IP 为 192.168.1.1，等效于 192.168.1.1/32。

### 3. 指定网络接口

可以使用 --in-interface/-i 或 --out-interface/-o 来指定网络接口。从 NAT 的原理可以看出，对于 PREROUTING 链，只能用-i 指定进来的网络接口；而对于 POSTROUTING 和 OUTPUT，只能用 -o 指定出去的网络接口。

### 4. 指定协议及端口

可以通过 --protocol/-p 选项来指定协议，如果是 TCP 和 UDP 协议，则还可以通过 --source-port/--sport 和--destination-port/--dport 来指明端口。

## 4.5.4　NAT 技术的优缺点

NAT 技术具有以下优点：
- 减少 IP 地址使用量。在使用 NAT 以后，Internet 上的主机会误以为它正与 NAT 服务器进行通信，因为它们并不知在 NAT 主机的背后包含了一个局域网。于是，回传的数据包会直接发送到 NAT 服务器，然后 NAT 服务器再将这个数据包头文件的目的 IP 地址更改为局域网里真正发出信息的计算机。
- 可以在 NAT 服务器的外部 IP 上建立多个 IP Alias(IP 别名)，当收到传给那些 IP Alias 的请求时，NAT 服务器可以把这些请求传给内部网络中提供服务的服务器。
- 负载均衡(Loading Balancing)，也就是说，将同一个 IP Alias 请求分别导向到其他运行相同服务的服务器上，可减少单一服务器的工作量。

虽然 NAT 具有以上优点，但是在某些情况下，必须注意到 NAT 技术也有一些缺点：
- 有些数据包从出发地到目的地的过程中不能被修改，例如，IP 安全体系结构就不可以使用 NAT 来进行映射，因为数据包的头文件中含有数字签名，如果头文件被更改了，那么这个数字签名便失去了效力。
- 理论上，NAT 服务器只使用一个 IP 地址，就可涵盖无数个内部 IP 地址，但是许多网络通信协议或者应用程序都需要真正点对点的连接。

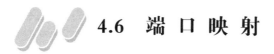

## 4.6　端　口　映　射

在使用 NAT 技术的过程中，对于内部局域网中使用相同服务的应用来说，在转换成 NAT 服务器的 IP 地址后，还会存在相同端口的问题，因此，需要在 NAT 服务器上用不同的端口来区分内部局域网中使用相同端口的应用服务，这样，外部的用户才能正常访问内部的服务。

例如，某内部局域网中有两台不同应用的 Web 服务器(IP 分别为 192.168.8.100，

192.168.8.110)，使用的都是 80 端口。外部用户如果要正常访问这两个不同的服务，就要在 NAT 服务器(IP 为 58.193.1.217)上进行端口映射。例如，将 192.168.8.100:80 映射成为 58.193.1.217:80，将 192.168.8.110:80 映射成为 58.193.1.217:8080，这样外部用户就能通过相同的 IP 不同的端口来访问内部网络中不同的应用服务。

# 4.7　firewalld

firewalld 是 CentOS 7 中新的防火墙命令，其底层还是使用 iptables 对内核命令动态通信包进行过滤的。简单地理解就是，firewalld 是 CentOS 7 中管理 iptables 的新命令。firewalld 提供了域(Zone)和服务(Services)的概念，来简化流量的管理操作。

## 4.7.1　Zone

### 1. Zone 简介

Zone 就是为了方便预先定义好的一组规则，让用户根据当前服务器所在网络中的位置(内网，公网)的受信任程度来选取不同的 Zone 规则。需要注意的是，一个网络连接只能被一个 Zone 处理，但一个 Zone 可以用于多个网络连接。

预先定义的 Zone 规则被放在 /usr/lib/firewalld/zones/ 目录下。当修改 Zone 的规则时，这些 Zone 会被拷贝到 /etc/firewalld/zones/ 目录下，防火墙会读取该目录下的 Zone 规则文件使其生效。

对于每一个 Zone 都有一个默认的行为(target)，通过它来处理流入的流量。每个 target 会有 4 个选项：default、ACCEPT、REJECT 和 DROP。

- ACCEPT 表示除了被明确写好的规则，会接受所有流入的数据包。
- REJECT 表示除了被明确写好允许的规则，会拒绝所有流入的数据包，并会给发起连接的机器回复被拒绝的消息。
- DROP 表示除了被明确写好允许的规则，会拒绝所有流入的数据包，但不会给发起连接的机器回复任何消息。

常见的 Zone 名称及其含义如表 4-4 所示。

表 4-4　常见的 Zone 名称及其含义

| Zone 名称 | 含　义 |
|---|---|
| block | 所有进入的网络连接都会被拒绝。对于 IPv4，回复 icmp-host-prohibited 消息。对于 IPv6，回复 icmp6-adm-prohibited 消息。只有由内部发起的网络连接可以通行 |
| dmz | 对于在非军事区域的服务器，外部网络可以在受限制的情况下进入内网，只有特定的网络连接请求会被接受 |
| drop | 所有进入的网络包都会被丢掉，并且没有任何的回应。只有发起的连接请求可以被放行 |
| external | 用于开始伪装的外部网络，特别是作为路由器。任务外部的网络会损坏计算机，只有特定的网络连接请求会被接受 |

| Zone 名称 | 含　义 |
|---|---|
| home | 在家使用，信任网络上的大多数计算机。只有特定的网络连接请求会被接受 |
| internal | 在内部网络使用，信任当前网络下其他的计算机。只有特定的网络连接请求会被接受 |
| public | 在公共网络使用，不信任网络上的其他计算机。只有特定的网络连接请求会被接受 |
| trusted | 所有的网络连接都会被接受 |
| work | 在工作网络中使用，信任网络上的其他计算机。只有特定的网络连接请求会被接受 |

### 2. 有关 Zone 的操作

- 获取默认域的命令如下：

    [root@localhost ~]# firewall-cmd --get-default-zone

- 查询存在的所有域的命令如下：

    [root@localhost ~]#firewall-cmd --get-zones

- 设置默认域的命令如下：

    [root@localhost ~]#firewall-cmd --set-default-zone=public

- 查询某个域下的配置的命令如下：

    [root@localhost ~]#firewall-cmd --zone=public --list-all

- 查询指定网卡的域的命令如下：

    [root@localhost ~]#firewall-cmd --get-zone-of-interface=ens33

- 为指定网卡指定域的命令如下：

    [root@localhost ~]#firewall-cmd --zone=public --add-interface=ens33

- 修改网卡的域的命令如下：

    [root@localhost ~]#firewall-cmd --zone=block --change-interface=ens33

- 删除指定网卡的域的命令如下：

    [root@localhost ~]#firewall-cmd --zone=block --remove-interface=ens33

- 查询系统中正在使用的域的命令如下：

    [root@localhost ~]#firewall-cmd --get-active-zones

## 4.7.2　Services

Services 在网络通信时，需要使用一个或者多个端口、地址。防火墙会基于端口来对通信的内容进行过滤。如果一个服务想要允许网络的流量进入，就必须打开端口。firewalld会默认阻断所有未被打开的端口。也就是说，在服务器提供的一些服务中，常常需要打开很多端口，并且会限制一些源和目的 IP 甚至一些协议的访问，如果把这些同时都定义在 Zone 中，则会造成最后的 Zone 配置文件很大，而提取成 Services 相当于是解耦的概念，有利于后期的维护。

和 Zone 类似，在 /usr/lib/firewalld/services 目录中存放着一些默认的 Services 配置，在 Services 被修改或者添加时，这里的文件会被作为参考。而正在被使用的 Services 配置会在 /etc/firewalld/services 目录中。

- 查看正在使用的服务的命令如下：

  [root@localhost ~]#firewall-cmd --list-services

- 查看服务被使用的情况，可以看到 Zone 文件中引入了 Services 的命令如下：

  [root@localhost ~]#cat zones/public.xml

- 使用服务的命令如下：

  [root@localhost ~]#firewall-cmd --add-service=http --permanent

- 查看预先定义的服务的命令如下：

  [root@localhost ~]#firewall-cmd --get-services

- 增加一个空服务的命令如下：

  [root@localhost ~]#firewall-cmd    --permanent --new-service=service-name.xml

- 增加和某个服务相同的配置的命令如下：

  [root@localhost ~]#firewall-cmd --permanent --new-service-from-file=/etc/firewalld/services/数派

service-name.xml --name service-name1.xml

- 修改 Services 配置的命令如下：

  [root@localhost ~]#firewall-cmd --permanent --service=myservice --set-description=description

  [root@localhost ~]#firewall-cmd --permanent --service=myservice --set-short=description

  [root@localhost ~]#firewall-cmd --permanent --service=myservice --add-port= portid[-portid]/ protocol

  [root@localhost ~]#firewall-cmd --permanent --service=myservice --add-protocol=protocol

  [root@localhost ~]#firewall-cmd --permanent --service=myservice --add-source-port=portid[-portid]/

protocol

  [root@localhost ~]#firewall-cmd --permanent --service=myservice --add-module=module

  [root@localhost ~]#firewall-cmd --permanent --service=myservice --set-destination=ipv:address[/mask]

### 4.7.3　firewalld 服务管理

#### 1. firewalld 服务的相关操作

- 启动 firewalld 服务的命令如下：

  [root@localhost ~]#systemctl start firewalld

- 停止 firewalld 服务的命令如下：

  [root@localhost ~]#systemctl stop firewalld

- 开机自启 firewalld 服务的命令如下：

  [root@localhost ~]#systemctl enable firewalld

- 禁用 firewalld 服务的命令如下：

  [root@localhost ~]#systemctl disable firewalld

- 查看 firewalld 服务状态的命令如下：

  [root@localhost ~]#systemctl status firewalld

#### 2. firewall 常用命令举例

- 查看防火墙状态是否为 running 的命令如下：

  [root@localhost ~]#firewall-cmd --state

- 重新载入配置的命令如下：

    [root@localhost ~]#firewall-cmd --reload
- 列出支持的 Zone 的命令如下：

    [root@localhost ~]#firewall-cmd --get-zones
- 列出支持的服务的命令如下：

    [root@localhost ~]#firewall-cmd --get-services
- 查看 FTP 服务是否支持的命令如下：

    [root@localhost ~]#firewall-cmd --query-service ftp
- 临时开放 FTP 服务的命令如下：

    [root@localhost ~]#firewall-cmd --add-service=ftp
- 永久开放 FTP 服务的命令如下：

    [root@localhost ~]#firewall-cmd --add-service=ftp --permanent
- 永久移除 FTP 服务的命令如下：

    [root@localhost ~]#firewall-cmd --remove-service=ftp --permanent
- 永久添加 80 端口的命令如下：

    [root@localhost ~]#firewall-cmd --add-port=80/tcp --permanent
- 查看规则的命令如下：

    [root@localhost ~]#iptables -L -n
- 查看帮助的命令如下：

    [root@localhost ~]#man firewall-cmd

### 3. firewall 命令使用举例

下面以 80 端口为例，介绍使用 firewall-cmd 命令开启与关闭指定端口的方法。

- 永久开启 TCP 的 80 端口的命令如下：

    [root@localhost ~]#firewall-cmd --zone=public --add-port=80/tcp --permanent
- 永久关闭 TCP 的 80 端口的命令如下：

    [root@localhost ~]#firewall-cmd --zone= public --remove-port=80/tcp --permanent

在开启或者关闭 80 端口后，还需要重新载入规则使其生效。

- 重新载入规则使其生效的命令如下：

    [root@localhost ~]#firewall-cmd --reload
- 查看 80 端口的规则的命令如下：

    [root@localhost ~]#firewall-cmd --zone= public --query-port=80/tcp

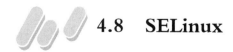

# 4.8　SELinux

安全增强型 Linux(Security-Enhanced Linux，SELinux)是一个 Linux 内核模块，也是 Linux 的一个安全子系统。SELinux 主要由美国国家安全局开发。2.6 及以上版本的 Linux 内核都已经集成了 SELinux 模块。

SELinux 的主要作用就是最大限度地减少系统中服务进程可访问的资源。设想一下，如果一个以 root 身份运行的网络服务存在 0DAY 漏洞，黑客就可以利用这个漏洞，以 root 身份在服务器上为所欲为了。SELinux 就是用来解决这个问题的。

在没有使用 SELinux 的操作系统中，决定一个资源是否能被访问的因素是某个资源是否拥有对应用户的权限(读、写、执行)。只要访问这个资源的进程符合以上的条件，就可以被访问。而最致命的问题是 root 用户不受任何管制，系统上任何资源都可以无限制地访问。这种权限管理机制的主体是用户，也称为自主访问控制(Discretinoary Access Control，DAC)。

而在使用了 SELinux 的操作系统中，决定一个资源是否能被访问的因素除上述因素之外，还需要判断每一类进程是否拥有对某一类资源的访问权限。这样一来，即使进程是以 root 身份运行的，也需要判断这个进程的类型以及允许访问的资源类型，才能决定是否允许访问某个资源。进程的活动空间也可以被压缩到最小，即使是以 root 身份运行的服务进程，一般也只能访问到它所需要的资源。因此，即使程序出了漏洞，影响范围也只在其允许访问的资源范围内，从而安全性大大增加。这种权限管理机制的主体是进程，也称为强制访问控制(Mandatory Access Control，MAC)。

### 4.8.1　SELinux 中的基本概念

对 SELinux 中重要的几个概念介绍如下：

#### 1. 主体(Subject)

主体可以完全等同于进程。

#### 2. 对象(Object)

对象是指被主体访问的资源，可以是文件、目录、端口、设备等。

#### 3. 政策和规则(Policy & Rule)

系统中通常有大量的文件和进程，为了节省时间和开销，通常只是选择性地对某些进程进行管制，而哪些进程需要管制以及要怎么管制是由政策决定的。一套政策里面有多个规则，可以按照需求启用或禁用部分规则。规则是模块化、可扩展的，在安装新的应用程序时，应用程序可通过添加新的模块来添加规则，用户也可以手动地增减规则。

#### 4. 安全上下文(Security Context)

安全上下文是 SELinux 的核心，分为进程安全上下文和文件安全上下文，一个进程安全上下文一般对应多个文件安全上下文。只有两者的安全上下文对应了，进程才能访问文件。它们的对应关系由政策中的规则决定。文件安全上下文由文件创建的位置和创建文件的进程所决定，而且系统有一套默认值，用户也可以对默认值进行设定。

安全上下文有 5 个字段，它们之间用冒号隔开。例如，system_u:object_r:admin_home_t:s0:c0，分别代表身份字段、角色、类型、灵敏度和类别。

(1) 身份字段(user)：用于标识该数据被哪个身份所拥有，相当于权限中的用户身份。这个字段没有特别的作用。常见的身份类型有以下 3 种：

- -root：安全上下文的身份是 root。

- -system_u：系统用户身份，其中"_u"代表 user。
- -user_u：与一般用户相关的身份，其中"_u"代表 user。

user 字段只用于标识数据或进程被哪个身份所拥有，一般系统数据的 user 字段就是 system_u，而用户数据的 user 字段就是 user_u。

(2) 角色(role)：主要用来表示此数据是进程还是文件或目录。常见的角色有以下 2 种：

- -object_r：该数据是文件或目录，这里的"_r"代表 role。
- -system_r：该数据是进程，这里的"_r"代表 role。

(3) 类型(type)：安全上下文中最重要的字段，进程是否可以访问文件，主要就是看进程的安全上下文类型字段是否和文件的安全上下文类型字段相匹配，如果匹配则可以访问。类型字段在文件或目录的安全上下文中被称作类型，但是在进程的安全上下文中被称作域(domain)。也就是说，在主体(Subject)的安全上下文中，这个字段被称为域；在目标(Object)的安全上下文中，这个字段被称为类型。域和类型需要匹配(进程的类型要和文件的类型相匹配)，才能正确访问。

(4) 灵敏度：一般是用 s0、s1、s2 来命名的，数字代表灵敏度的分级。数值越大，代表灵敏度越高。

(5) 类别：类别字段为非必须字段。一个对象可以有多个类别，c0~c1023 共 1024 个分类。

**5. SELinux 的工作模式**

SELinux 有 3 种工作模式：

- enforcing：强制模式。在此模式中，违反 SELinux 规则的行为将被阻止并记录到日志中。
- permissive：宽容模式。在此模式中，违反 SELinux 规则的行为只会被记录到日志中。一般在调试时使用该模式。
- disabled：关闭模式，即关闭 SELinux。

SELinux 的工作模式可以在 /etc/selinux/config 中设定。但是，如果想从 disabled 切换到 enforcing 或者 permissive，就需要重启系统；反过来也一样。enforcing 和 permissive 模式可以通过 setenforce 1|0 命令快速切换。

## 4.8.2　SELinux 的基本操作

关于 SELinux 的基本操作有以下几种。

(1) 查看 SELinux 状态，命令如下：

    [root@localhost ~]#getenforce

(2) 临时关闭 SELinux，命令如下：

    [root@localhost ~]#setenforce 0

(3) 临时打开 SELinux，命令如下：

    [root@localhost ~]#setenforce 1

(4) 开机关闭 SELinux，方法如下：

编辑 /etc/selinux/config 文件，将 SELINUX 的值设置为 disabled，此时不能通过 setenforce 1

命令临时打开，如图 4-6 所示。

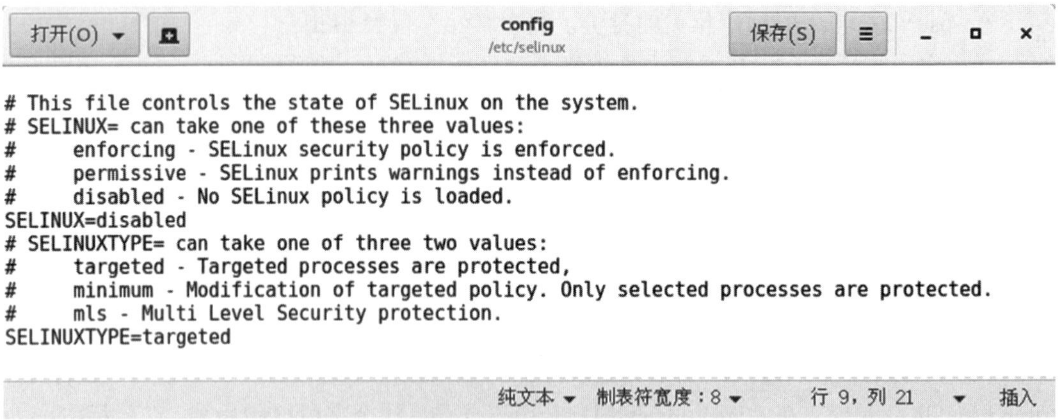

```
# This file controls the state of SELinux on the system.
# SELINUX= can take one of these three values:
#    enforcing - SELinux security policy is enforced.
#    permissive - SELinux prints warnings instead of enforcing.
#    disabled - No SELinux policy is loaded.
SELINUX=disabled
# SELINUXTYPE= can take one of three two values:
#    targeted - Targeted processes are protected,
#    minimum - Modification of targeted policy. Only selected processes are protected.
#    mls - Multi Level Security protection.
SELINUXTYPE=targeted
```

图 4-6    开机关闭 SELinux

(5) 查询文件或目录的安全上下文，命令格式如下：

　　ls -Z

【例 4-11】 查询 /etc/hosts 的安全上下文，命令如下：

　　[root@localhost ~]#ls -Z /etc/hosts

(6) 查询进程的安全上下文，命令格式如下：

　　ps auxZ | grep -v grep | grep

【例 4-12】 查询 Nginx 相关进程的安全上下文，命令如下：

　　[root@localhost ~]#ps auxZ | grep -v grep | grep nginx

(7) 手动修改文件或目录的安全上下文，命令格式如下：

　　chcon [OPTIONS…] CONTEXT FILES…

其中，CONTEXT 为要设置的安全上下文，FILES 为文件对象。

此命令中各选项及其功能如下：

- -u：修改安全上下文的用户字段。
- -r：修改安全上下文的角色字段。
- -t：修改安全上下文的类型字段。
- -l：修改安全上下文的级别字段。
- --reference：修改与指定文件或目录相一致的安全上下文。
- -R：递归操作。
- -h：修改软链接的安全上下文(若不加此选项，则修改软链接对应的文件)。

【例 4-13】 将 test.txt 的安全上下文的身份识别修改为 unconfined_u，命令如下：

　　[root@localhost ~]#chcon -u unconfined_u test.txt

(8) 把文件或目录的安全上下文恢复到默认值，命令格式如下：

　　restorecon [选项] […]

此命令中各选项及其功能如下：

- -v：打印操作过程。
- -R：递归操作。

【例 4-14】　添加一些网页文件到 Nginx 服务器的目录之后，为这些新文件设置正确的安全上下文，命令如下：

[root@localhost ~]#restorecon -R /usr/local/nginx/html/

(9) 查询系统中的布尔型规则及其状态，命令格式如下：

getsebool -a

因为使用该命令要么查询所有规则，要么只查询一个规则，所以一般都是先查询所有规则，然后用 grep 筛选。

【例 4-15】　查询与 httpd 有关的布尔型规则，命令如下：

[root@localhost ~]#getsebool -a | grep httpd

(10) 开启一个布尔型规则，命令格式如下：

setsebool [选项]<规则名称><on | off>

此命令中选项及其功能如下：

• -P：重启依然生效。

【例 4-16】　开启 httpd_anon_write 规则，命令如下：

[root@localhost ~]#setsebool -P httpd_anon_write on

(11) 添加目录的默认安全上下文，命令格式如下：

semanage fcontext -a -t 安全上下文 目录名"(/.*)?"

【注】目录或文件的默认安全上下文可以通过 semanage fcontext -l 命令配合 grep 过滤查看。

【例 4-17】　为 Nginx 新增一个网站目录 /usr/local/nginx/html2 之后，需要为其设置与原目录相同的默认安全上下文，命令如下：

[root@localhost ~]#semanage fcontext -a -t httpd_sys_content_t "/usr/local/nginx/html2(/.*)?"

(12) 添加某类进程允许访问的端口，命令格式如下：

semanage port -a -t <类型>-p<协议><端口号>

【例 4-18】　允许 Nginx 的 8080 端口用于 HTTP 服务，命令如下：

[root@localhost ~]#semanage port -a -t http_port_t -p tcp 8080

【注】各种服务类型所允许的端口号可以通过类似 semanage port -l|grep http 的命令来过滤查看。


# 任务 4　使用 NAT 技术防护企业内部服务器

## 实践目标

(1) 掌握 iptables 防火墙的原理和命令语法。

(2) 熟练完成利用 iptables 架设企业 NAT 服务器。

使用 NAT 技术防护
企业内部服务器

**应用需求**

某公司需要接入 Internet，由 ISP(因特网服务提供商)分配 IP 地址 202.102.1.2。采用 iptables 作为 NAT 服务器接入网络，内部采用 192.168.8.0/24 地址，外部采用 202.102.1.2/24 地址。为确保安全，需要配置防火墙功能，要求从外部网络地址 http://202.102.1.2 能访问内部 Web 服务器，为实现负载均衡，内部两台 Web 服务器分别为 http://192.168.8.101:8080 和 http://192.168.8.102:8080，两台 Web 服务器提供的服务相同。NAT 服务器通过端口映射方式对外提供服务。公司网络拓扑结构如图 4-7 所示。

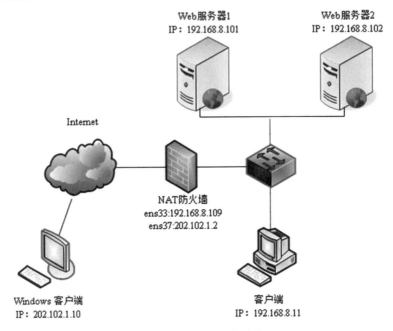

图 4-7    公司网络拓扑结构

 **需求分析**

公司在公网 IP 匮乏的情况下，通过 Linux 提供的 NAT 方式，可以使 Internet 上的用户访问公司内部的应用服务。在提供 NAT 服务的服务器上，添加以下两块网卡：

- ens33：用于连接企业内网网络，IP 地址为 192.168.8.109/24。
- ens37：用于连接外部网络，IP 地址为 202.102.1.2/24。

由于内部的两台 Web 服务器均使用 8080 端口，而外部用户访问时需要使用 80 端口，因此要使用端口映射技术来解决。

 **解决方案**

使用 NAT 技术防护企业内部服务器的具体步骤如下：

(1) 在 Linux 服务器上分别设置 ens33 和 ens37 两块网卡的 IP 地址，如图 4-8、图 4-9 所示。

图 4-8　ens33 网卡 IP 设置

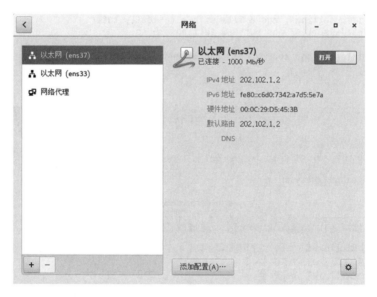

图 4-9　ens37 网卡 IP 设置

(2) 如图 4-10 所示，执行以下命令在 /etc/rc.d/ 目录下生成空的脚本文件 dnat.sh，并对该文件添加可执行权限：

[root@localhost ~]#touch /etc/rc.d/dnat.sh

[root@localhost ~]#chmod u+x /etc/rc.d/dnat.sh

图 4-10　添加防火墙执行脚本并赋予可执行权限

(3) 如图 4-11 所示，执行以下命令编辑 /etc/rc.d/rc.local 文件，使 dnat.sh 脚本在系统启动时自动执行：

[root@localhost ~]#echo "/etc/rc.d/dnat.sh" >> /etc/rc.d/rc.local

图 4-11　使脚本文件在系统启动时自动运行

(4) 在 /etc/sysctl.conf 文件中，添加 "net.ipv4.ip_forward=1"，开启内核转发功能，使系统在每次开机后能自动激活 IP 数据包转发功能，如图 4-12 所示。

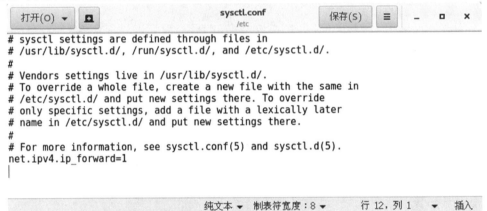

图 4-12　开启内核转发功能

(5) 如图 4-13 所示，执行以下命令来启用 sysctl.conf 文件中新增加的内容：

[root@localhost ~]#sysctl -p

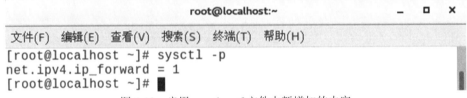

图 4-13　启用 sysctl.conf 文件中新增加的内容

(6) 如图 4-14 所示，在 /etc/rc.d/dnat.sh 文件中添加以下内容来增加访问规则：

#!/bin/bash

#在屏幕上显示信息

echo "Starting iptables rules..."

#清除以前的规则

iptables -t filter -F

iptables -t nat -F

iptables -t mangle -F

#设置默认策略，丢弃所有除允许以外的从内部来的包

iptables -P FORWARD DROP

#对防火墙 202.102.1.2:80 的访问重定向到主机 192.168.8.101:8080/192.168.8.102:8080

iptables -t nat -A PREROUTING -d 202.102.1.2 -p tcp -m tcp --dport 80 -j DNAT --to-destination 192.168.8.101-192.168.8.102:8080

#如果该 IP 包来自同一子网，则将该 IP 包的源地址更该为 192.168.8.109

iptables -t nat -A POSTROUTING -s 192.168.8.0/255.255.255.0 -p tcp -m tcp --dport 8080 -j SNAT --to-source 192.168.8.109

#在 filter 表中还应该允许从 ens37 连接 192.168.8.101 和 192.168.8.102 地址的 8080 端口

iptables -A INPUT -d 192.168.8.101 -p tcp -m tcp --dport 8080 -i ens37 -j ACCEPT

iptables -A INPUT -d 192.168.8.102 -p tcp -m tcp --dport 8080 -i ens37 -j ACCEPT

#在 filter 表中增加从 ens33 对 192.168.8.101 和 192.168.8.102 端口 8080 的 TCP 数据的输入输出的转发

iptables -A FORWARD -o ens33 -d 192.168.8.101 -p tcp --dport 8080 -j ACCEPT

iptables -A FORWARD -i ens33 -s 192.168.8.101 -p tcp --sport 8080 -j ACCEPT

iptables -A FORWARD -o ens33 -d 192.168.8.102 -p tcp --dport 8080 -j ACCEPT

iptables -A FORWARD -i ens33 -s 192.168.8.102 -p tcp --sport 8080 -j ACCEPT

图 4-14　添加访问规则策略

(7) 如图 4-15 所示，执行以下命令重新载入配置，使规则生效：

[root@localhost ~]#chmod u+x /etc/rc.d/rc.local

[root@localhost ~]#/etc/rc.d/rc.local

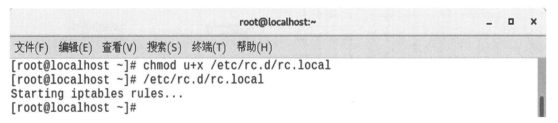

图 4-15　重新载入配置使规则生效

(8) 客户端测试。

通过公司内部客户端(IP 地址为 192.168.8.11)访问 Web 服务器，其地址分别为 http://192.168.8.101:8080 和 http://192.168.8.102:8080，如图 4-16、图 4-17 所示。

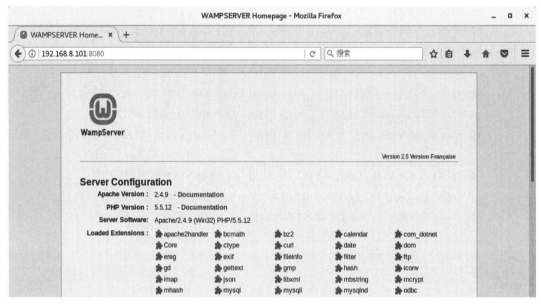

图 4-16    公司内部客户端访问 Web 服务器 1

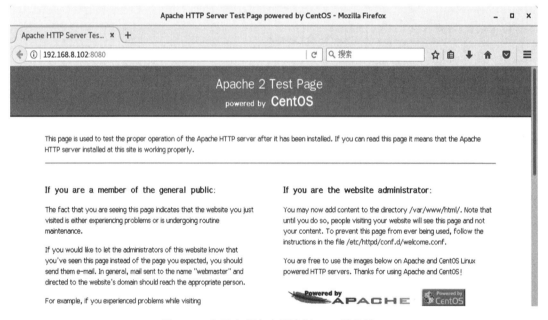

图 4-17    公司内部客户端访问 Web 服务器 2

通过 Internet 客户端(IP 地址为 202.102.1.10)访问 Web 服务器(地址为 http:// 202.102.1.2)，其页面显示内容为 http://192.168.8.101:8080 或 http://192.168.8.102:8080 中的随机一个页面，如图 4-18、图 4-19 所示。

图 4-18　Internet 客户端访问 Web 服务器 1

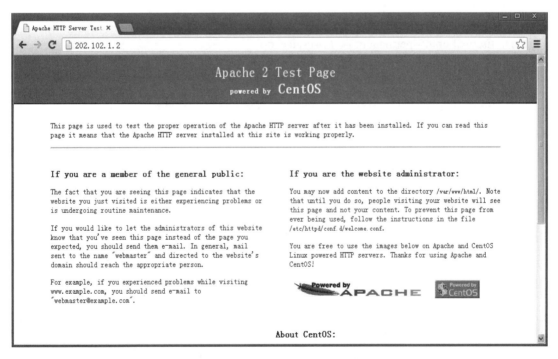

图 4-19　Internet 客户端访问 Web 服务器 2

使用 iptables -t nat -nL 命令查看 NAT 转换规则，如图 4-20 所示。

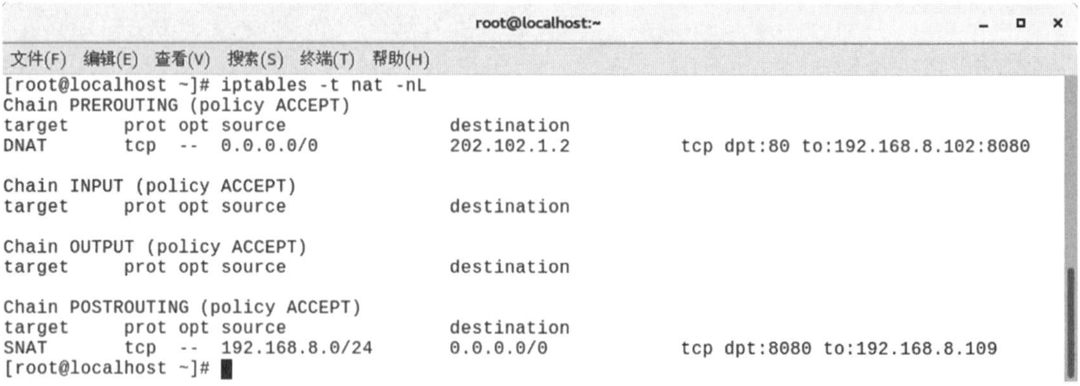

```
                                    root@localhost:~                           _  □  ×
文件(F)  编辑(E)  查看(V)  搜索(S)  终端(T)  帮助(H)
[root@localhost ~]# iptables -t nat -nL
Chain PREROUTING (policy ACCEPT)
target     prot opt source              destination
DNAT       tcp  --  0.0.0.0/0           202.102.1.2        tcp dpt:80 to:192.168.8.102:8080

Chain INPUT (policy ACCEPT)
target     prot opt source              destination

Chain OUTPUT (policy ACCEPT)
target     prot opt source              destination

Chain POSTROUTING (policy ACCEPT)
target     prot opt source              destination
SNAT       tcp  --  192.168.8.0/24      0.0.0.0/0          tcp dpt:8080 to:192.168.8.109
[root@localhost ~]# █
```

图 4-20  NAT 转换规则

# 练 习 题

1. 在防火墙中，永久开放 FTP 服务的命令是(      )。

A. firewall-cmd --add-service=ftp

B. firewall-cmd --permanent --add-service=ftp

C. firewall-cmd --permanent --service=ftp

D. firewall-cmd --permanent --add-service-ftp

2. 下列使用 firewall 开启 1723 端口的命令中，正确的是(      )。

A. firewall--permanent --zone=public --add-port=1723/tcp

B. firewall-cmd --permanent --zone=public --add-port=1723/udp

C. firewall--permanent --zone=public --add-port=1723/udp

D. firewall-cmd --permanent --zone=public --add-port=1723/tcp

3. 查看 SELinux 此时状态的命令是(      )。

A. getforce                          B. getenforce

C. lsseLinux                         D. setenforce

4. 在 iptables 中，特殊目标规则 REJECT 表示(      )。

A. 让数据透明通过

B. 简单地丢弃数据包

C. 丢弃该数据，同时通知数据的发送者数据被拒绝通过

D. 被伪装成是从本地主机发出的，回应的数据被自动地在转发时解伪装

5. 在 Linux 系统中，使用 iptables 进行防火墙的配置，在配置新的防火墙规则前，会清除旧的防火墙规则，以下(      )命令是用来清除所有旧的防火墙规则的。

A. iptables-F                        B. iptables -L

C. iptables -D                       D. iptables -P

# 项目 5　文件共享安全配置

## 学习目标

本项目主要介绍 Linux 的文件共享方式、Samba 与 NFS(Network File System，网络文件系统)等常见的技术及其安全配置方法，使读者掌握如何通过配置安全选项达到增强网络安全的目的。

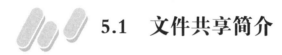

## 5.1　文件共享简介

在计算机网络中，通常不只存在一个操作系统，可能有 Windows、UNIX、Linux 等多个操作系统。不同的操作系统所使用的资源共享协议也不同，这就造成了不同操作系统之间不能直接互访。Linux 操作系统中有一个 Samba 和 NFS 服务，利用它们就可以使 Linux 和 Windows 操作系统之间相互访问资源。

## 5.2　Samba

### 5.2.1　Samba 概述

Samba 是一套让 Linux 系统能够应用 Microsoft 网络通信协议的软件，它使执行 Linux 系统的计算机能与执行 Windows 系统的计算机进行文件与打印共享。Samba 使用一组基于 TCP/IP 的 SMB(Server Message Block，服务信息块)协议，通过网络共享文件及打印机，这组协议的功能类似于 NFS 和 LPD(Line Printer Daemon，行式打印机后台程序)。支持此协议的操作系统包括 Windows、Linux 和 OS/2。Samba 服务在 Linux 和 Windows 系统共存的网络环境中尤为有用，Samba 可以实现 Linux 系统之间以及 Linux 和 Windows 系统之间的文件和打印共享。

SMB 协议可以看作是局域网上共享文件和打印机的一种协议，主要是作为 Microsoft 网络的通信协议，而 Samba 则是将 SMB 协议使用到 UNIX 系统上。通过"NetBIOS over TCP/IP"使 Samba 不但能与局域网络主机共享资源，也能与全世界的计算机共享资源，因为互联网中千千万万的主机所使用的通信协议都是 TCP/IP。SMB 是会话层和表示层以及小部分的应用层的协议，它使用了 NetBIOS(Network Basic Input/Output System，网络基本输入/输出系统)的应用程序接口 API。另外，SMB 是一个开放性的协议，允许协议扩展，这就使它变得庞大而复杂，大约有 65 个最上层的作业，而每个作业都超过 120 个函数。SMB 协议使 Linux 系统的计算机在 Windows 上的网上邻居中看起来如同一台 Windows 计算机。

Samba 属于 GPL(GNU Public License，GNU 通用公共许可证)的软件，因此可以合法而免费地使用。作为类 UNIX 系统，Linux 系统也可以运行这套软件。Samba 的运行包含两个后台守护进程，即 nmbd 和 smbd，它们是 Samba 的核心，在 Samba 服务器启动到停止运行期间持续运行。nmbd 监听 137 和 138 UDP 端口，smbd 监听 139 TCP 端口。nmbd 守护进程使其他计算机可以浏览 Linux 服务器，而 smbd 守护进程是在 SMB 服务请求到达时对它们进行处理，并且为被使用或共享的资源进行协调。在请求访问打印机时，smbd 把要打印的信息存储到打印队列中；在请求访问一个文件时，smbd 把数据发送到内核，最后把它存到磁盘上。smbd 和 nmbd 使用的配置信息全部保存在 /etc/samba/smb.conf 文件中。

Samba 的主要功能如下：

• 提供 Windows 风格的文件和打印机共享。Windows 9x、Windows 2000、Windows XP、Windows Server 2003 等操作系统都可以利用 Samba 共享 Linux 等其他操作系统上的资源，外表看起来和共享 Windows 操作系统的资源没有区别。

• 解析 NetBIOS 名字。在 Windows 网络中，为了能够利用网上资源，同时使自己的资源也能被别人所利用，各个主机都定期向网上广播自己的身份信息，而负责收集这些信息并为其他主机提供检索的服务器被称为浏览服务器。Samba 可以有效地完成这项任务，而且在跨越网关的时候 Samba 还可以作为 WINS(Windows Internet Name Service，Windows 网络名称服务)来使用。

• 提供 SMB 客户端功能。在 Linux 平台上，利用 Samba 提供的 smbclient 客户端程序可以访问 Windows 上架设的 Samba 资源。

• 提供一个命令行工具，利用该工具可以有限制地支持 Windows 的某些管理功能。

• 支持 SWAT(Samba Web Administration Tool，Samba 图形化管理工具)和 SSL(Secure Sockets Layer，安全套接字协议)。

### 5.2.2　Samba 服务器的配置

配置 Samba 服务器实际就是对它的配置文件 smb.conf 进行相应的设置。smb.conf 文件默认存放在 /etc/samba 目录中。Samba 服务在启动时会读取 smb.conf 文件中的内容，从而确定启动方式、服务提供、权限设置、共享目录、打印机以及所属工作组等一系列选项。

#### 1. Samba 主配置文件

smb.conf 文件采用与 Windows 系统中的 "*.ini" 文件类似的语法结构，文件中包含很多个节。smb.conf 文件分为全局配置(Global Settings)和共享定义(Share Definitions)两大部分，其中，全局配置部分定义的参数用于定义整个 Samba 服务器的总体特性；共享定义部分用于定义文件及打印共享，它又分为很多个小节，每一个节定义一个共享文件或共享打印服务。

Samba 主配置文件的每一节中都采用"参数名称＝参数值"的格式来设置参数，其中参数名称不可以改变，而参数的值可以根据用户的具体要求进行设置。例如，"read only ＝no"，其中的"read only"代表参数名称，"no"代表参数的值。read only 除了可以取值为no，也可以取值为 yes。

Samba 主配置文件的内容不区分大小写，以"#"和";"开始的行是注释行。下面分别介绍全局配置和共享定义两个节的主要配置参数。

1) 全局配置(Global Settings)

该部分的配置都与 Samba 服务的整体运行环境有关，它的设置项目是针对所有共享资源的。其主要参数的设置及含义如下：

• workgroup：设置 Samba 服务器所属的工作组或域名称。默认值为 MYGROUP，用户可以根据自己的网络环境进行相应的设置。

• server string：指定 Samba 服务器的说明信息，方便客户端用户识别。

• hosts allow：设置可以访问 Samba 服务器的主机、子网或域。

• printcap name：设置在 Samba 服务启动时加载的打印服务配置文件。

• load printers：设置在 Samba 服务启动时，是否允许加载打印配置文件中的所有打印机。

• printing：定义打印系统，目前支持的打印系统包括 CUPS、BSD、SysV、LPRng 和 AIX。

• guest account：设置默认的匿名账号，在系统中必须存在此账号。如果不配置，则默认的匿名账号为 nobody。该选项默认不生效，如果启用该选项，则必须向系统添加 pcguest 账号。

• log file：指定日志文件的存放位置，例如，/var/log/samba/%m.log。

【注】"/var/log/samba/%m.log"中的"%m"是 Samba 里定义的宏，宏用百分号和一个字符来表示，在具体运作时就用实际参数来代替。

常见的宏如表 5-1 所示。

表 5-1  smb.conf 文件中常用的宏

| 宏 | 描　述 | 宏 | 描　述 |
|---|---|---|---|
| %S | 当前共享的名称 | %h | 运行 Samba 的计算机的主机名 |
| %P | 当前服务的根路径 | %m | m 客户机的 NetBIOS 名 |
| %u | 当前服务的用户名 | %L | 服务器的 NetBIOS 名 |
| %g | 给定%u 的所在工作组名 | %T | 当前的日期和时间 |
| %H | 给定%u 的私人目录 | %I | 客户机的 IP 地址 |
| %v | Samba 服务的版本号 | %d | 当前服务器的进程 ID |

• max log size：指定日志文件的最大存储容量，单位为 KB。如果取值为 0，则表示不限制日志文件的存储容量。

• security：设置 Samba 服务器的安全级别，其取值按照安全性由低到高为 share、user、server 和 domain。各个安全级别的具体含义如下：

share：共享级别，用户不需要账号及密码即可访问 Samba 服务器的共享资源。

user：用户只有在通过了 Samba 服务器的身份验证之后才能访问服务资源(是 Samba 服务器的默认安全级别)。

server：和 user 安全级别类似，但是由另一台服务器完成检查账号和密码的工作，因此需要设置"password server"选项。如果账户和密码提交验证失败，则 Samba 服务器的安全级别退到 user。

domain：Samba 服务器加入 Windows 域后，Samba 服务的用户验证信息交由域控制器负责，则使用该安全级别。同时，也需要设置身份验证服务器。

• password server：在 security 的取值为 server 和 domain 时，由该选项设置提供身份验证的服务器。取值可以为服务器的 FQDN(Fully Qualified Domain Name，正式域名)，也可以为 IP。

• encrypt passwords：设置身份验证中传输的密码是否加密。如果取值为 no，则密码以明文传输。该选项建议设置为 yes，否则会造成大部分 Windows 客户机无法访问服务器。

• smb passwd file：设置提供用户身份验证的密码文件。

• username map：指定 Windows 和 Linux 系统之间的用户映射文件，默认为 /etc/samba/smbusers。例如，在 smbusers 文件中有一行"root=administrator"，它表示用户以 administrator 访问 Samba 服务器时会被当作 root。

• socket options：提高服务器的执行效率。

• interfaces：指定 Samba 服务器使用的网络接口，适用于配置了多个网络接口的 Samba 服务器，其具体取值可以是接口名称或 IP 地址。

• local master：设置是否允许 nmbd 守护进程成为局域网中的主浏览器(浏览器服务用来列出局域网中的可用服务器，并将可用服务器列表发送给网络中的各个计算机)。将该参数设置为 yes 并不能保证 Samba 服务器成为网络中的主浏览器，只是允许 Samba 服务器参加主浏览器的选举。

• os level：设置 Samba 服务器参加主浏览器选举的优先级。其取值为整数，若设置为 0，则不参加主浏览器的选举。

• domain master：将 Samba 服务器定义为域的主浏览器，设置是否允许 Samba 在子网列表中比较浏览。如果网络中已经有一台 Windows 域控制器，则不要使用此选项。

• domain logons：如果想使 Samba 服务器成为 Windows 95 等工作站的登录服务器，则使用此选项。

• wins support：设置是否使 Samba 服务器成为网络中的 WINS 服务器，以支持网络中的 NetBIOS 名称解析。

• wins proxy：设置 Samba 服务器是否成为 WINS 代理。在拥有多个子网的网络中，可以在某个子网中设置一台 WINS 服务器，并在其他子网中各配置一台 WINS 代理，以支持网络中的 NetBIOS 名称解析。

• dns proxy：设置 Samba 服务器是否通过 DNS 的 nslookup 解析主机的 NetBIOS。

2) 共享定义(Share Definitions)

smb.conf 文件的第二部分是共享定义，包含很多小节，每一个小节定义一个共享项目，一般包括共享文件路径和附加的共享访问权限。下面介绍主要小节的内容。

(1) [homes]节的内容如下：

```
[homes]
comment = Home Directories        #该共享资源的描述性信息
browseable = no                   #指定该共享资源不可以浏览
writable = yes                    #指定 Samba 客户端在访问该共享资源时，可以写入
```

Samba 服务为系统中的每个用户提供一个共享目录，该共享目录通常只有用户本身可以访问。系统中的普通用户的主目录默认存放在 /home 目录下，用户主目录一般以用户名为目录名。当 Samba 客户端用户请求一个共享时，Samba 服务器将在存在的共享资源中寻找，如果找到匹配的共享资源，就使用该共享资源；如果找不到，就将请求的共享名看成是用户的用户名，并在本地的 /etc/passwd 文件中寻找这个用户，若用户名存在而且提供的密码正确，则以 home 节克隆一个以该用户名为共享名的共享提供给用户。如果在[homes]节中没有指定共享路径，就把该用户的主目录作为共享路径。

在[homes]节中设置的参数对所有用户都起作用，无法为个别用户单独设置。

(2) [printers]节的内容如下：

```
[printers]
comment = All Printers            #打印机共享的描述性信息
path = /var/spool/samba           #指定打印队列的存储位置
browseable = no                   #设置不可以浏览
guest ok = no                     #设置不允许 guest 用户访问
writeable = no                    #设置不可以写入
printable = yes                   #设置用户可以打印
```

(3) [public]节的内容如下：

```
[public]
path = /usr/somewhere/else/public #设置共享目录的位置
public = yes                      #设置允许 guest 用户访问
only guest = yes                  #设置只允许 guest 用户访问
writable = yes                    #设置可以写入
printable = no                    #设置不可以打印
```

在 smb.conf 文件的共享定义部分，除上面的内容之外，还有其他的很多用户自定义的节。除了[homes]节，在 Windows 客户端看到的 Samba 共享名称即为节的名称。在共享定义部分常见的用于定义共享资源的参数如表 5-2 所示。

表 5-2　smb.conf 文件中常见的用于定义共享资源的参数

| 参　数 | 说　明 | 举　例 |
|---|---|---|
| comment | 设置对共享资源的描述信息 | comment＝mlx's share |
| path | 设置共享资源的路径 | path＝/share |
| writeable | 设置共享路径是否可以写入 | writeable=yes |
| browseable | 设置共享路径是否可以浏览 | browseable=no |
| available | 设置共享资源是否可用 | available＝no |

续表

| 参　数 | 说　明 | 举　例 |
|---|---|---|
| read only | 设置共享路径是否为只读 | read only =yes |
| public | 设置是否允许 guest 用户访问 | public=yes |
| guest account | 设置匿名访问账户 | guest account=nobody |
| guest ok | 设置是否允许 guest 用户访问 | guest ok=no |
| only guest | 设置是否只允许 guest 用户访问 | only guest=no |
| read list | 设置只读访问用户列表 | read list=user1, @shm |
| write list | 设置读写访问用户列表 | write list=user1, @ shm |
| valid users | 设置允许访问共享资源的用户列表 | valid users=user1, @shm |
| invalid users | 设置不允许访问共享资源的用户列表 | invalid users=user1, @shm |

【注】用户列表内各个用户名前用空格分隔，如果是组名，则前面需加上@符号。

### 2. 配置 Samba 服务的密码文件

Samba 服务使用 Linux 操作系统的本地账户进行身份验证，但必须单独为 Samba 服务设置相应的密码文件。Samba 服务的用户账户密码验证文件是 /etc/samba/smbpasswd。基于安全性的考虑，该文件中存储的密码是加密的，无法用 vi 编辑器进行编辑。默认情况下，该文件并不存在，需要管理员创建。可以使用以下两种方法创建 /etc/samba/smbpasswd 文件并向该文件中添加账户。

1) 使用 smbpasswd 命令添加单个的 Samba 服务的账户

当系统管理员第一次使用 smbpasswd 命令为 Samba 服务添加账户时，会自动建立 smbpasswd 文件。smbpasswd 命令的格式如下：

smbpasswd [参数选项] 账户名称

smbpasswd 命令常用的参数选项及其含义如表 5-3 所示。

### 表 5-3　smbpasswd 命令常用的参数选项及其含义

| 选项 | 含　义 |
|---|---|
| -a | 向 smbpasswd 文件中添加账户，该账户必须存在于 /etc/passwd 文件中。只有 root 用户可以使用该选项 |
| -x | 从 smbpasswd 文件中删除账户。只有 root 用户可以使用该选项 |
| -d | 禁用某个 Samba 服务的账户，但并不将其删除。只有 root 用户可以使用该选项 |
| -e | 恢复某个被禁用的 Samba 服务的账户。只有 root 用户可以使用该选项 |
| -n | 该选项将账户的口令设置为空。只有 root 用户可以使用该选项 |
| -r | 该选项允许用户指定远程主机，如果没有该选项，那么 smbpasswd 默认修改本地 Samba 服务器上的口令 |
| -U | 该选项只能和 "-r" 选项连用。当修改远程主机上的口令时，用户可以用该选项指定欲修改的账户 |

### 2) 使用 pdbedit 命令添加 Samba 服务的账户

在使用 pdbedit 命令添加 Samba 服务的账户时，该账户必须存在，如果不存在，可以先使用 useradd 命令添加。通过 pdbedit 命令将 user1 用户添加到 smbpasswd 文件中，如图 5-1 所示。

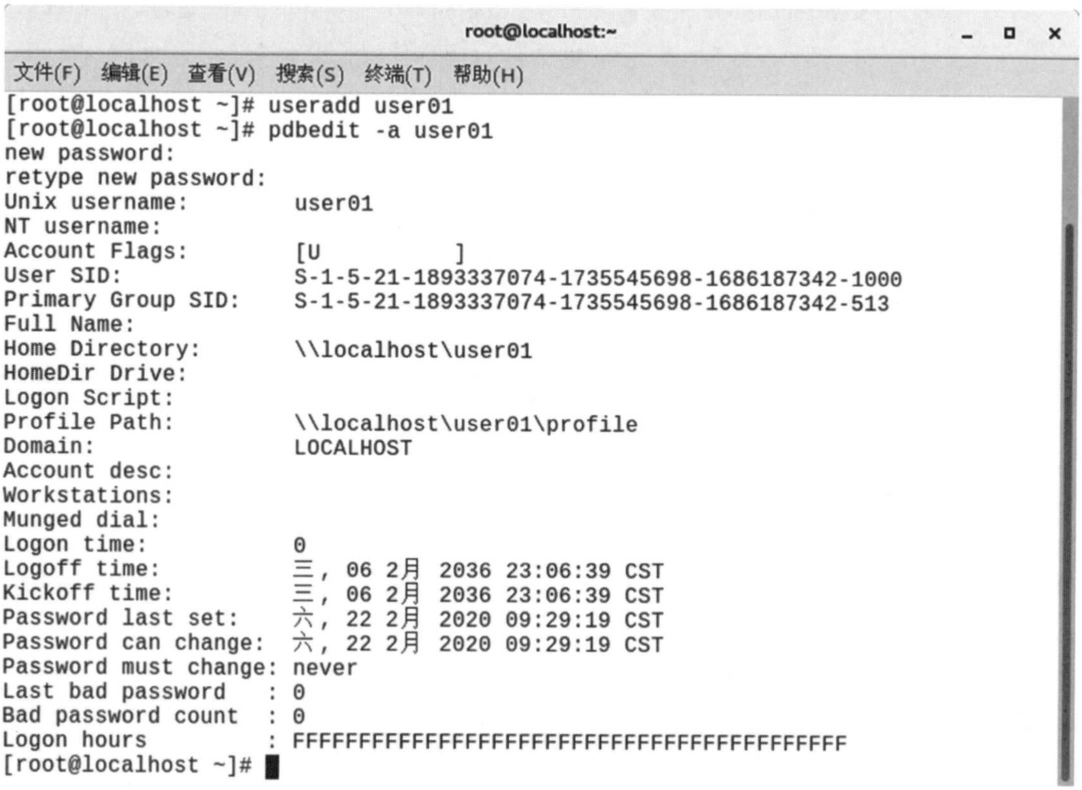

```
                              root@localhost:~                         _  □  ×
文件(F)  编辑(E)  查看(V)  搜索(S)  终端(T)  帮助(H)
[root@localhost ~]# useradd user01
[root@localhost ~]# pdbedit -a user01
new password:
retype new password:
Unix username:        user01
NT username:
Account Flags:        [U         ]
User SID:             S-1-5-21-1893337074-1735545698-1686187342-1000
Primary Group SID:    S-1-5-21-1893337074-1735545698-1686187342-513
Full Name:
Home Directory:       \\localhost\user01
HomeDir Drive:
Logon Script:
Profile Path:         \\localhost\user01\profile
Domain:               LOCALHOST
Account desc:
Workstations:
Munged dial:
Logon time:           0
Logoff time:          三, 06 2月  2036 23:06:39 CST
Kickoff time:         三, 06 2月  2036 23:06:39 CST
Password last set:    六, 22 2月  2020 09:29:19 CST
Password can change:  六, 22 2月  2020 09:29:19 CST
Password must change: never
Last bad password  : 0
Bad password count : 0
Logon hours        : FFFFFFFFFFFFFFFFFFFFFFFFFFFFFFFFFFFFFFFFFFFF
[root@localhost ~]# ■
```

图 5-1　使用 pdbedit 命令添加 user1 用户

### 3. Samba 服务的用户映射文件

用户映射通常是在 Windows 和 Linux 主机之间进行的。两个系统拥有不同的用户账户，用户映射的目的就是将不同的用户映射成为一个用户。做了映射后的 Windows 账户，在使用 Samba 服务器上的共享资源时，就可以直接使用 Windows 账户进行访问。全局参数 "username map" 就是用来控制用户映射的，它允许系统管理员指定一个映射文件，该文件包含了在客户机和服务器之间进行用户映射的信息。默认情况下，/etc/samba/smbusers 文件为指定的映射文件。要使用用户映射，需要先将 smb.conf 配置文件中 "username map=/etc/ samba/smbusers" 前的注释符去掉，然后编辑 /etc/samba/smbusers 文件，将要映射的用户添加到该文件中。该文件每一行的格式如下：

Linux 账户 = 要映射的 Windows 账户列表

### 4. Samba 服务的日志文件

Samba 服务的日志默认存放在 /var/log/samba 文件中，Samba 服务会为所有连接到 Samba 服务器的计算机建立单独的日志文件，管理员可以根据这些日志文件查看用户的访问情况和服务的运行状态，如图 5-2 所示。

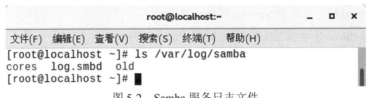

图 5-2　Samba 服务日志文件

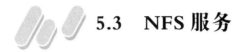

# 5.3　NFS 服务

## 5.3.1　NFS 概述

NFS 是网络文件系统的简称，是分布式计算机系统的一个组成部分，可实现在不同的网络中装载远程文件系统，可以让不同的机器、不同的操作系统共享彼此的文件。NFS 目前已成为文件服务的一种标准(即 RFC1904 和 RFC1813)。

NFS 主要用于不同系统间的交互，所以其通信协议技术与主机和操作系统无关，通过它可以在 UNIX 和 Linux 操作系统间共享数据资源，它将远程主机中的文件挂载到本机系统中，客户端的用户可以使用复制、移动等命令对文件进行操作。因此，它也是除 Samba 以外的又一种实现不同操作系统间通信的方法。

NFS 虽然可在网络中进行资源共享，但是 NFS 本身并不提供数据传输服务，它必须借助于 RPC(Remote Procedure Call Protocol，远程过程调用协议)来实现数据的传输。RPC 定义了一种进程间通过网络进行交互通信的机制，它允许客户端通过网络向远程服务器发出请求，而不需要了解底层通信协议的细节。与 Samba 服务不同的是，NFS 服务无法实现 Linux 和 Windows 系统之间的文件共享。

要使用 NFS 服务，至少需要启动以下 3 个系统守护进程：

• rpc.nfsd：主要功能是管理客户端用户登录 NFS 服务器的权限，其中包括用户验证。

• rpc.mountd：主要功能是管理 NFS。当客户端用户通过 NFS 服务器的验证后，在使用 NFS 服务器提供的文件前，还必须取得使用权限的认证，系统会读取 /etc/exports 文件对用户权限进行验证。

• portmap：主要功能是进行端口映射。当客户端使用 NFS 服务器提供服务时，portmap 会将所有管理的端口与服务对应的端口提供给客户的操作系统，这样客户端就可以利用这些端口与服务器进行正常的数据交流。

## 5.3.2　NFS 服务器的配置

NFS 服务器的配置比较简单，主要是在 /etc/exports 中进行相关的设置。

### 1. exports 文件

在 exports 文件中，可以定义 NFS 服务的输出目录(即共享目录)、访问权限和允许访问的主目录等参数。基于安全考虑，该文件默认为空，没有设置任何共享目录，因此，即使系统启动 NFS 服务，也不会输出任何共享资源。

exports 文件中每一行都提供了一个共享目录的设置，其格式如下：

/directory nfs-client-ip-or-name(access options)

除了输出目录是必选的，其余都是可选的选项。值得注意的是，在 exports 文件的设置选项中，共享目录和客户端之间用空格分隔，但是客户端和选项之间不能有空格，选项放在括号中，多个选项之间用逗号隔开。下面介绍 exports 文件中的各设置选项。

1) 共享目录

共享目录用来设置 NFS 中需要作为共享的目录路径，供网络中其他主机共享文件。

2) 客户端

客户端是指网络中可以访问这个 NFS 共享目录的主机。在 exports 文件中客户端的指定比较灵活，可以是单个主机的 IP 地址或域名，也可以是某个子网或域中的多台主机。客户端常用的指定方式如表 5-4 所示。

表 5-4　客户端常用的指定方式

| 客户端主机地址形式 | 含　义 |
| --- | --- |
| 192.168.8.100 | 指定 IP 地址的主机 |
| client.ccit.edu.cn | 指定域名的主机 |
| 192.168.8.0/24 或 192.168.8.* | 指定网段中的所有主机 |
| *.ccit.edu.cn | 指定域中的所有主机 |
| * | 指定所有主机 |

3) 选项

选项用来设置输出目录的访问权限和用户映射等。exports 文件的配置选项比较多，一般可以分为访问权限选项、用户映射选项和其他选项，如表 5-5 所示。

表 5-5　选项设置说明

| 选项类别 | 选项字段 | 选　项　含　义 |
| --- | --- | --- |
| 访问权限类 | ro | 只读 |
| | rw | 可读可写 |
| 用户映射类 | all_squash | 将远程访问的所有普通用户和组都映射成为匿名用户和组，一般为 nfsnobody |
| | no_all_squash | 将远程访问的所有普通用户和组都不映射成为匿名用户和组(默认设置) |
| | root_squash | 将 root 用户及所属组都映射成匿名用户和用户组(默认设置) |
| | no_root_squash | 将 root 用户及所属组都不映射成匿名用户和用户组 |
| | anonuid=xxx | 将远程访问的用户都映射成匿名用户，并指定匿名用户对应的 UID 值 |
| | anongid＝xxx | 将远程访问的用户组都映射成匿名用户组，并指定匿名用户组对应的 GID 值 |

续表

| 选项类别 | 选项字段 | 选 项 含 义 |
|---|---|---|
| 其他选项类 | secure | 限制客户端只能从小于 1024 的 TCP/IP 端口连接 NFS 服务器(默认设置) |
| | insecure | 允许客户端从大于 1024 的 TCP/IP 端口连接 NFS 服务器 |
| | sync | 将数据同步写入内存缓冲区和磁盘,虽然这样效率很低,但是可以保证数据的一致性 |
| | async | 将数据先保存到内存缓冲区中,必要时才写入磁盘 |
| | wdelay | 检查是否有相关的写操作,如果有,则将这些写操作一起执行。这样可以提高效率(默认设置) |
| | no_wdelay | 若有写操作,则立即执行,应与 sync 配合使用 |
| | subtree_check | 若输出目录是一个子目录,则 NFS 服务器将检查其父目录的权限(默认设置) |
| | no_subtree_check | 即使输出目录是一个子目录,NFS 服务器也不检查其父目录的权限。这样可以提高效率 |

【例 5-1】 将 exports 文件中的一个输出目录设置为/nfs/usrs *.example.cn(rw,insecure, all_ squash, sync,no_wdelay)。根据此设置选项可知,对于输出目录 /nfs/usrs 来说,example.cn 域中的所有客户机都具有可读、可写的权限,并且将所有用户及所属组的用户组映射为 nfsnobody,同时将数据同步写入磁盘。如果有写入操作,则立刻执行。

【例 5-2】将 exports 文件中的一个输出目录设置为 /nfs/public 192.168.8.0/24(rw,async) *(ro)。根据此设置选项可知,输出目录/nfs/public 可供子网 192.168.8.0/24 中的所有客户机进行读写操作,而其他网络中的客户机只能读取该目录的内容。但是,当用户使用子网 192.168.8.0/24 中的客户机访问该共享目录时,能否真正写入,还要看该目录对该用户有没有开放 Linux 文件系统的写入权限。

• 如果该用户是 root 用户,由于默认选项中有 root_squash,root 用户才能被映射为 nfsnobody,因此只有该共享目录对 nfsnobody 开放了写入权限时,该用户才能在该共享目录中创建子目录和文件。

• 如果该用户是普通用户,那么只有该目录对该用户开放写入权限时,该用户才能在该共享目录下创建子目录和文件,且新建的子目录和文件的所有者就是该用户。

**2. exportfs 命令输出目录列表**

当修改了 /etc/exports 文件的内容后,不需要重新启动 NFS 服务,直接使用 exportfs 命令就可以使设置生效。

exportfs 命令可以维护 NFS 服务的输出目录列表,其基本格式如下:

```
exportfs [选项]
```

该命令中的主要选项有以下几个:

- -a：输出在 /etc/exports 文件中所设置的所有目录。
- -r: 重新读取 /etc/exports 文件中的设置，并使设置立即生效，而不用重新启动服务。
- -u：停止输出某一目录。
- -v：在输出目录时将目录显示到屏幕上。

比较常用的组合命令主要有以下两个：

(1) 重新输出共享目录，命令如下：

    exportfs -rv

(2) 停止输出当前主机中服务器的所有共享目录，命令如下：

    exportfs -auv

# 任务 5　Samba 服务安全配置

 **实践目标**

(1) 掌握 Samba 配置文件的使用方法。
(2) 掌握 SELinux 放行 Samba 服务的方法。

Samba 匿名访问配置

 **应用需求**

某公司 Linux 服务器上的目录 /var/public 已设置成共享目录，现要求除 Samba 服务的账户以外，guest 也可以读取 /var/public 目录里的文件。公司 Linux 服务器有目录 /var/economic，现要求只有 economic 组和 leader 组的人能查看该目录，并且只有 economic 组的成员 finance01 有写入文件的权限。公司 Linux 服务器有目录 /var/exchange，公司员工都可以对该目录进行读写，但每个人都不能删除或移动别人的文件。公司网络拓扑结构如图 5-3 所示。

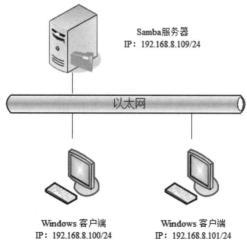

图 5-3　公司网络拓扑结构

**需求分析**

根据公司对 Samba 服务的账户的文件共享需求，对上述目录权限进行规划，如表 5-6
所示。

表 5-6    共享目录规划

| 序号 | 目 录 | 账 户 | 权 限 |
|---|---|---|---|
| 1 | /var/public | Samba 服务的账户和 guest | 只读 |
| 2 | /var/economic | economic 组和 leader 组 | economic 组和 leader 组只读，finance01 可写 |
| 3 | /var/exchange | Samba 服务的账户 | Samba 服务的账户可读写别人的文件，但不能删除别人的文件 |

账户规划如表 5-7 所示。

表 5-7    账 户 规 划

| 序 号 | 账 户 | 权 限 |
|---|---|---|
| 1 | ordinary | mary<br>tom |
| 2 | economic | finance01<br>finance02 |
| 3 | leader | leader01<br>leader02 |
| 4 | other | guest |

 **解决方案**

配置 Samba 服务的步骤如下：

(1) 如图 5-4 所示，在服务器上使用以下命令安装 Samba 服务的软件包：

　　[root@localhost ~]#yum install samba

图 5-4    安装 Samba 服务的软件包

(2) 如图 5-5 所示，执行以下命令创建 economic 和 leader 用户组：

　　[root@localhost ~]#groupadd economic

　　[root@localhost ~]#groupadd leader

图 5-5    创建 economic 和 leader 用户组

(3) 创建用户 finance01 和 finance02，将这两个用户添加到 economic 用户组，再创建用户 leader01 和 leader02，将这两个用户添加到 leader 用户组，同时创建 mary 和 tom 用户，执行以下命令：

> [root@localhost ~]#useradd finance01 -g    economic
>
> [root@localhost ~]#useradd finance02 -g    economic
>
> [root@localhost ~]#useradd leader01 -g    leader
>
> [root@localhost ~]#useradd leader02 -g    leader
>
> [root@localhost ~]#useradd mary
>
> [root@localhost ~]#useradd tom

创建过程如图 5-6 所示。

```
                                    root@localhost:~              _  □  ×
文件(F)  编辑(E)  查看(V)  搜索(S)  终端(T)  帮助(H)
[root@localhost ~]# useradd finance01 -g    economic
[root@localhost ~]# useradd finance02 -g    economic
[root@localhost ~]# useradd leader01 -g leader
[root@localhost ~]# useradd leader02 -g leader
[root@localhost ~]# useradd mary
[root@localhost ~]# useradd tom
[root@localhost ~]#
```

图 5-6  创建用户

(4) 如图 5-7 所示，执行以下命令创建 Samba 服务的账户，并在创建过程中设置相应的密码：

> [root@localhost ~]#pdbedit -a finance01
>
> [root@localhost ~]#pdbedit -a finance02
>
> [root@localhost ~]#pdbedit -a leader01
>
> [root@localhost ~]#pdbedit -a leader02
>
> [root@localhost ~]#pdbedit -a mary
>
> [root@localhost ~]#pdbedit -a tom

```
                                    root@localhost:~              _  □  ×
文件(F)  编辑(E)  查看(V)  搜索(S)  终端(T)  帮助(H)
[root@localhost ~]# pdbedit -a finance01
new password:
retype new password:
Unix username:        finance01
NT username:
Account Flags:        [U          ]
User SID:             S-1-5-21-1893337074-1735545698-1686187342-1001
Primary Group SID:    S-1-5-21-1893337074-1735545698-1686187342-513
Full Name:
Home Directory:       \\localhost\finance01
HomeDir Drive:
Logon Script:
Profile Path:         \\localhost\finance01\profile
Domain:               LOCALHOST
Account desc:
Workstations:
Munged dial:
Logon time:           0
Logoff time:          三, 06 2月 2036 23:06:39 CST
Kickoff time:         三, 06 2月 2036 23:06:39 CST
Password last set:    六, 22 2月 2020 10:09:52 CST
Password can change:  六, 22 2月 2020 10:09:52 CST
Password must change: never
Last bad password  : 0
Bad password count : 0
Logon hours        : FFFFFFFFFFFFFFFFFFFFFFFFFFFFFFFFFFFFFFFFFFFF
[root@localhost ~]#
```

图 5-7  创建 Samba 服务的账户

(5) 如图 5-8 所示，执行以下命令创建共享目录 /var/public、/var/economic 和 /var/exchange，并将这 3 个目录的权限设置为 777:

    [root@localhost ~]#mkdir /var/public /var/economic /var/exchange

    [root@localhost ~]#chmod 777 /var/public /var/economic /var/exchange

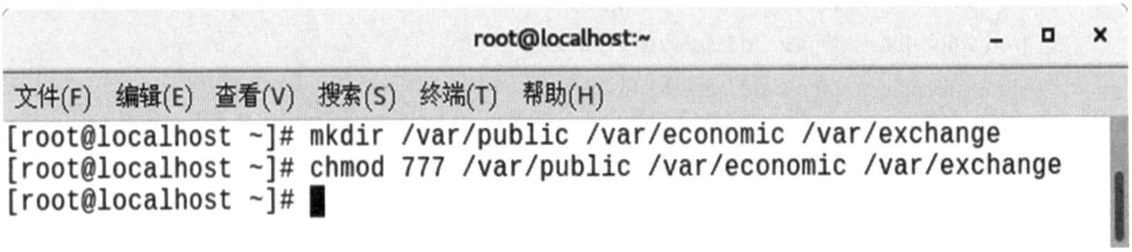

图 5-8　创建共享目录

(6) 编辑 smb.conf 文件，如图 5-9 所示，按以下内容修改[global]，并创建[public]、[exchange]字段:

```
[global]
        workgroup = SAMBA
        security = USER
        passdb backend = tdbsam
        map to guest = bad user
        include = /etc/samba/%U.smb.conf
[public]
        comment = public's share
        path = /var/public
        public = yes
        browseable = yes
        read only = yes
        guest ok = yes
[exchange]
        comment = exchange's share
        path = /var/exchange
        browseable = yes
        writeable = yes
        public = yes
        guest ok = no
```

[global]内容中 config file 和 include 的区别在于，以 mary 的身份访问 Samba 服务器，在使用 config file 时，只能浏览到 mary.smb.conf 定义的共享资源，其他在 smb.conf 中定义的共享资源都无法查看；而在使用 include 时，除了可以浏览到 mary.smb.conf 定义的共享资源，其他在 smb.conf 中定义的共享资源也可以浏览到。

图 5-9　修改 smb.conf 文件

(7) 如图 5-10 所示，创建/etc/samba/finance01.smb.conf 文件，并在该文件中添加以下内容：

[root@localhost ~]#touch /etc/samba/finance01.smb.conf

[economic]

  path=/var/economic

  valid users = @economic,@leader

  public = yes

  read list=@economic,@leader

  write list = finance01

  writable = yes

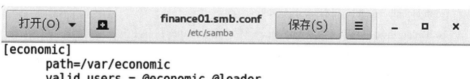

图 5-10　为 finance01.smb.conf 文件添加内容

(8) 如图 5-11 所示，执行以下命令修改 /var/exchange 目录的权限，并为其设置粘滞位权限：

[root@localhost ~]#chmod 1777 /var/exchange

图 5-11    设置 exchange 目录权限

(9) 执行 testparm 命令测试配置文件的正确性，如图 5-12 所示。

```
[root@localhost ~]# testparm
rlimit_max: increasing rlimit_max (1024) to minimum Windows limit (16384)
Can't find include file /etc/samba/.smb.conf
Registered MSG_REQ_POOL_USAGE
Registered MSG_REQ_DMALLOC_MARK and LOG_CHANGED
Load smb config files from /etc/samba/smb.conf
rlimit_max: increasing rlimit_max (1024) to minimum Windows limit (16384)
Can't find include file /etc/samba/.smb.conf
Processing section "[public]"
Processing section "[exchange]"
Processing section "[homes]"
Processing section "[printers]"
Processing section "[print$]"
Loaded services file OK.
Server role: ROLE_STANDALONE

Press enter to see a dump of your service definitions
```

图 5-12    测试配置文件的正确性

(10) 配置 SELinux，开放 SELinux 对 Samba 的限制，如图 5-13 至图 5-15 所示，执行以下命令为 /var/public、/var/economic 和 /var/exchange 设置 samba_share_t 标签，使 SELinux 允许 Samba 服务的账户读、写上述目录：

[root@localhost ~]#ls -ldZ    /var/public

[root@localhost ~]#chcon -t samba_share_t    /var/public

[root@localhost ~]#ls -ldZ    /var/economic

[root@localhost ~]#chcon -t samba_share_t    /var/economic

[root@localhost ~]#ls -ldZ    /var/exchange

[root@localhost ~]#chcon -t samba_share_t    /var/exchange

```
[root@localhost ~]# ls -ldZ    /var/public
drwxrwxrwx. root root unconfined_u:object_r:var_t:s0 /var/public
[root@localhost ~]# chcon -t samba_share_t /var/public
[root@localhost ~]# ls -ldZ    /var/public
drwxrwxrwx. root root unconfined_u:object_r:samba_share_t:s0 /var/public
[root@localhost ~]#
```

图 5-13    为 public 设置 samba_share_t 标签

图 5-14　为 economic 设置 samba_share_t 标签

图 5-15　为 exchange 设置 samba_share_t 标签

(11) 如图 5-16 所示，执行以下命令开放用户的个人目录：

[root@localhost ~]#setsebool -P samba_enable_home_dirs on

[root@localhost ~]#setsebool -P samba_export_all_ro on

[root@localhost ~]#setsebool -P samba_export_all_rw on

图 5-16　SELinux 开放用户个人目录

(12) 如图 5-17 所示，执行以下命令使防火墙 firewalld 放行 Samba 流量：

[root@localhost ~]#firewall-cmd --permanent --add-service=samba

[root@localhost ~]#firewall-cmd --reload

图 5-17　firewalld 放行 Samba 流量

(13) 如图 5-18 所示，执行以下命令启动 Samba 服务：

[root@localhost ~]#systemctl start smb

[root@localhost ~]#systemctl start nmb

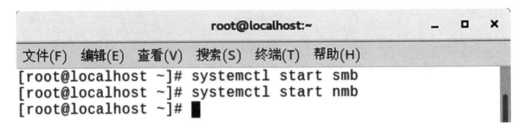

图 5-18　启动 Samba 服务

(14) 客户端测试。

公司内部客户端(IP: 192.168.8.100)访问 Samba 服务时，采用匿名用户方式登录，如图 5-19 所示。

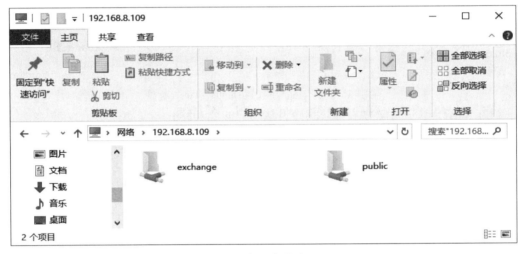

图 5-19　匿名用户登录 Samba

指定 finance01 用户登录，需要在 exchange 目录中新建 finance01.txt 文件，如图 5-20 所示。

图 5-20　用户 finance01 登录 Samba

　　在 Windows 命令行中执行 net use * /delete 命令,清除网络连接,然后重新指定 leader01 用户登录,试图删除 exchange 中的 finance01.txt 文件,系统将会报错,如图 5-21 所示。

图 5-21　删除他人文件报错

# 练 习 题

1. 对于 Samba 服务器,下列(　　)安全等级最低。

A. user

B. share

C. server

D. domain

2. 要在系统引导时启动 Samba 服务器,可使用(　　)命令。

A. chkconfig

B. ntsysv

C. 服务配置工具

D. 以上都是

3. 在 Samba 服务器的共享安全模式中,下面(　　)的身份验证是由 Samba 服务器自己完成的。

A. user

B. share

C. server

D. domain

4. Samba 服务器的配置文件是(　　)。

A. rc.samba

B. smb.conf

C. inetd.conf

D. smbd.conf

5. Samba 服务器进程由(　　)两部分组成。

A. sambd 和 squid

B. bootp 和 dhcpd

C. smbd 和 nmbd

D. named 和 sendmail

# 项目 6  Web 服务安全配置

 **学习目标**

本项目主要介绍 SSL 的工作原理、服务器证书 CA 及其在客户端的应用，并讨论如何使用 SSL 与 CA 来加强 Web 服务器的安全控制。

## 6.1  SSL 技术

### 6.1.1  SSL 简介

SSL(Secure Sockets Layer，安全套接字协议)由 Netscape 公司提出，它主要作为 Web 的安全通信标准来使用，有 2.0 版和 3.0 版。TLS(Transport Layer Security，传输层安全)是 IETF(The Internet Engineering Task Force，国际互联网工程任务组)的 TLS 工作组在 SSL 3.0 基础之上提出的安全通信标准，目前最新版本是 1.3，即 RFC8846，TLS 提供的安全机制可以保证应用层数据在互联网上传输时不被监听、伪造和窜改。

一般情况下，在网络通信应用中，数据在计算机中经过简单的由上到下的几次包装后进入网络，如果这些包被截获，那么可以很容易地根据网络协议得到里面的数据。

SSL 是为了加密这些数据而产生的协议，可以这么理解，它是位于应用层和 TCP/IP 之间的一层。数据在经过它流出的时候被加密，再送往 TCP/IP；而数据从 TCP/IP 流入之后先进入该层解密，同时 SSL 还能够验证网络连接中两端的身份。

SSL 的主要功能如下：

- 加密和解密在网络中传输的数据包，同时保护这些数据不被修改和伪造。
- 验证网络对话中双方的身份。

SSL 包含两个子协议：包协议和握手协议。包协议说明 SSL 的数据包应该如何封装，握手协议则说明通信双方如何共同协商、决定使用什么算法及算法使用的 Key。包协议位于握手协议的下一层。

### 6.1.2  SSL 协议

SSL 协议工作在 Linux TCP/IP 协议和 HTTP 协议之间，是一个介于 HTTP 协议与 TCP 协议之间的可选层，其关系如图 6-1 所示。

| 层次 | 协　　　议 | | |
|---|---|---|---|
| 1 | HTTP/FTP/SMTP/LDAP 协议 | | |
| 2 | SSL 握手协议 | SSL 修改密文协议 | SSL 告警协议 |
| | SSL 记录协议 | | |
| 3 | TCP 协议 | | |
| 4 | IP 协议 | | |

图 6-1　SSL 协议、Linux TCP/IP 协议与其他协议之间的关系

对图 6-1 中 SSL 协议的子协议介绍如下：

(1) SSL 握手协议(SSL Handshake Protocol)用来建立客户端和服务器之间的对话，是 SSL 协议中最复杂的协议。服务器和客户端使用这个协议相互鉴别对方的身份、协商加密算法和 MAC 算法，以及在 SSL 记录协议中加密数据的加密密钥和初始向量。SSL 握手协议是建立 SSL 连接时首先应该执行的协议，必须在传输数据之前完成。

(2) SSL 修改密文协议(SSL Change Cipher Spec Protocol)以实际建立对话使用密码组的约定。它是一个最简单的 SSL 相关协议，只有一个报文，报文由值为 1 的单个字节组成。这个协议的唯一作用就是将挂起状态复制到当前状态，改变连接将要使用的密码族。

(3) SSL 告警协议(SSL Alert Protocol)在客户端和服务器之间传输 SSL 的出错消息。它将与 SSL 有关的告警信息传送给通信的对方实体。SSL 告警协议跟其他使用 SSL 的应用协议(如 HTTP 协议)一样，告警报文按照当前状态的说明被压缩和加密。

(4) SSL 记录协议(SSL Record Protocol)为不同的高层协议提供安全服务，HTTP、FTP 等高层应用协议都可以在 SSL 协议上运行。顾名思义，SSL 记录协议是描述 SSL 信息交换过程中的记录格式。SSL 协议介于应用层和网络层之间，因此它会接收来自应用层的信息，并加以包装后交由下一层即网络层来传送。

SSL 层借助下层协议的告警信道进行安全协商，可以建立一份用于加密通信的密钥，并用此密钥来加密 HTTP 请求。TCP 层与 Web Server 的 443 端口建立连接，传递 SSL 处理后的数据。接收端与此过程相反。SSL 在 TCP 之上建立了一个加密通道，通过这一层的数据都进行了加密，因此可以达到保密的效果。

### 6.1.3　SSL 工作流程

SSL 的工作流程如图 6-2 所示。

SSL 使用公用密钥加密技术，服务器在连接结束时会给客户端发送公用密钥用来加密信息，而且只有服务器用它自己持有的专用密钥才能解开加密的信息。客户端用公用密钥加密数据，并且发送自己的密钥给服务器，以确定唯一的自己，防止在系统两端之间有人冒充服务器或客户端进行欺骗。加密的 HTTP 连接用 443 端口号代替 80 端口号，以区别于普通的不加密的 HTTP。客户端使用加密 HTTP 连接时会自动使用 443 端口而不是 80 端口，这使得服务器更容易做出相应的响应。

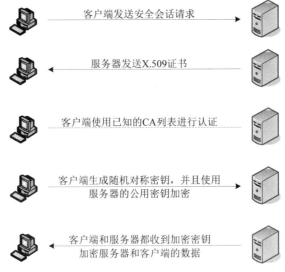

图 6-2　SSL 的工作流程图

SSL 验证和加密的具体过程如下：

(1) 客户端发送"您好"消息(以客户端首选项顺序排序)，此消息包含 SSL 的版本号、客户端支持的密码对和客户端支持的数据压缩方法等，还包含了 28 字节的随机数。

(2) 服务器以"您好"消息响应，此消息包含密码方法(密码对)、由服务器选择的数据压缩方法以及会话标志和另一个随机数。

(3) 服务器发送其数字证书(服务器使用带有 SSL 的 X.509 V3 数字证书)。如果服务器使用 SSL V3，而服务器应用程序(如 Web 服务器)需要数字证书进行客户端认证，则客户端会发出"数字证书请求"消息。在"数字证书请求"消息中，服务器发出支持的数字证书类型的列表和可接受的认证中心的专有名称。

(4) 服务器发出"您好完成"消息并等待客户端响应。

(5) 接收到服务器"您好完成"的消息，客户端(Web 浏览器)将验证服务器的数字证书的有效性，并检查服务器的"您好"消息参数是否可以接受。

如果服务器请求客户端数字证书，客户端将发送数字证书；如果没有可用的合适的数字证书，客户端将发送"没有数字证书"告警。此告警仅仅是告警而已，如果客户端认证是强制性的，服务器应用程序将会使会话失败。

(6) 客户端发送"客户端密钥交换"消息。此消息包含 pre-master secret(一个用在对称加密密钥生成中的 46 字节的随机数字)和消息认证代码(MAC)密钥(用服务器的公用密钥加密的)。如果客户端发送数字证书给服务器，客户端将发出签有客户端的专用密钥的"数字证书验证"消息。通过验证此消息的签名，服务器可以显示验证客户端数字证书的所有权。如果服务器没有属于数字证书的专用密钥，它将无法解密 pre-master secret，也无法创建对称加密算法的正确密钥，握手将失败。

(7) 客户端使用一系列加密运算将 pre-master secret 转化为 master secret，将派生出所有用于加密和消息认证的密钥材料。然后，客户端发出"更改密码规范"消息将服务器密码转换为新协商的密码对。客户端发出的下一个消息("未完成"的消息)为用此密码方法和密钥加密的第一条消息。

(8) 服务器以自己的"更改密码规范"和"已完成"消息响应。

(9) SSL 握手结束，可以发送加密的应用程序数据。

SSL 协议有多种版本，SSL 3.0 的一个优点是增加了对加载证书链的支持，以允许服务器在发给浏览器的授予者证书上附加一个服务器证书。即使对此授予者的机构证书并没有安装，链的加载也允许浏览器验证服务器证书，因为它已经包含在这个证书链中了。SSL 3.0 目前正由 IETF 研发，是 TLS 协议标准的基础。

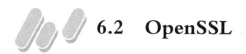

## 6.2　OpenSSL

### 6.2.1　OpenSSL 简介

OpenSSL 是一个开放源代码的 SSL 产品，它采用 C 语言作为开发语言。OpenSSL 项目最早由加拿大人 Eric A. Young 和 Tim J. Hudson 开发，现在由 OpenSSL 项目小组负责改进和开发，这个小组由全球的一些技术精湛的志愿人员组成，其劳动都是无偿的。OpenSSL 完全实现了对 SSL V1、SSL V2、SSL V3 和 TLS 的支持。OpenSSL 的源代码库可以从 OpenSSL 的官方网站(http://www.openssl.org)自由下载，并可以免费用于任何商业或非商业的场合。由于采用 C 语言开发，OpenSSL 的源代码库具有良好的跨系统性能，可支持 Linux、UNIX、Windows、Mac 和 VMS 等多种平台。

目前，OpenSSL 已经得到了广泛的应用，大型软件中的安全部分都使用了 OpenSSL 的库，如 VoIP 的 OpenH323 协议、Apache 服务器和 Linux 安全模块等。

可以选择下面这份清单里的任何一种加密算法配合 OpenSSL 程序对文件加密：

• bf、bf-cbc、bf-cfb、bf-ecb 和 bf-ofb 等 Blowfish 算法的各种变体。

• cast 和 cast-cbc 两种 CAST 算法采用不同编码方案的变体。

• cast5-cbc、cast5-cfb、cast5-ecb 和 cast5-ofb 等 CAST 算法的改进版本。CAST5 算法采用不同编码方案的变体数量更多。

• des、des-cbc、des-cfb、des-ecb、des-ede、des-ede-cbc、des-ede-cfb、des-ede-ofb 和 des-ofb 等 DES 算法。在 DES 算法的众多变体中，有很多都是平时用不上的。而且，DES 现在已经不是最安全的加密算法了。

• des3、desx、des-ede3、des-ede3-cbc、des-ede3-cfb 和 des-ede3-ofb 等 DES3，即三重 DES，它是 DES 算法的一种更先进、更安全的变体。

• idea、idea-cbc、idea-cfb、idea-ecb 和 idea-ofb 等 IDEA 算法及其各种变体。

• rc2、rc2-cbc、rc2-cfb、rc2-ecb 和 rc2-ofb 等 RC2 算法及其各种变体。

• rc4，它是 RC4 算法，无编码变体。

• rc5、rc5-cbc、rc5-cfb、rc5-ecb 和 rc5-ofb 等 RC5 算法及其各种变体。

### 6.2.2　OpenSSL 组成

虽然 OpenSSL 使用 SSL 作为其名字的重要组成部分，但是其实现的功能却远远超出了 SSL

协议本身。事实上 OpenSSL 包括了三部分： SSL 协议、密码算法库和应用程序。

SSL 协议包含三个版本和 TLS 协议的完整实现与封装。SSL 协议库的开发基于密码算法库提供了一套完整的功能，这使我们能够轻松地构建 SSL 服务器和 SSL 客户端。无论是在 Linux 下还是在 Windows 下，都可以使用该 SSL 协议库编译生成一个相应的库文件。在 Linux 下，编译得到的库文件名为 libssl.a；而在 Windows 下，编译得到的库文件名为 ssleay32.lib。

OpenSSL 密码算法库强大且完整，它是 OpenSSL 的基础部分，也是很值得一般密码安全技术人员研究的部分。它实现了目前大部分主流的密码算法和标准，主要包括公开密钥算法、对称加密算法、散列函数算法、X.509 数字证书标准、PKCS#12、PKCS#7 等标准。事实上，OpenSSL 的 SSL 协议部分和应用程序部分都是基于这个库开发的。目前，这个库除了可以使用本身的默认算法，还提供了 Engine 机制，此机制可用于将如加密卡这样外部的加密算法实现集成到 OpenSSL 中。密码算法库在 Linux 编译后其库文件名称为 libcrypto.a。

应用程序部分是 OpenSSL 中最生动的部分。该部分基于上述的密码算法库和 SSL 协议库实现了很多实用和示例性的应用程序，覆盖了众多的密码学应用。应用程序主要包括了各种算法的加密程序和各种类型密钥的产生程序(如 RSA、Md5、Enc 等)、证书签发、验证程序(如 CA、X.509、CRL 等)和 SSL 连接测试程序(如 S_client 和 S_server 等)，以及其他的标准应用程序(如 PKCS#12 和 S/MIME 等)。

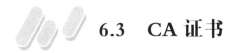

# 6.3  CA 证书

CA 证书是由证书颁发机构(CA)颁发的数字证书，它包含了一个公钥、证书拥有者的信息以及颁发 CA 的签名。通过这些信息，可以确认通信是否真实、可靠和安全。

## 6.3.1  X.509 协议

SSL 采用的是 X.509 协议，即由上而下金字塔式的凭证制度，其认证结构如图 6-3 所示。

图 6-3  基于 X.509 协议的认证结构

　　在 X.509 协议中，每一个合格的凭证上都会有一个签名。最下层的凭证上会有一个数字证书认证中心(Certificate Authority，CA)的签名，表示 CA 检查过，已确认所有者数据无误。中间的 CA 上，也会有管辖它的最高层认证中心(root CA)的签名，表示最高层认证中心授权给它，可以签发别人的凭证。最高层认证中心没有上层可以给它签名了，所以凭证上的签名是自己签的。

　　X.509 协议用于给大型计算机网络提供目录服务，X.509 提供了一种用于认证 X.509 服务的 PKI 结构，两者(X.500 标准和 X.509 标准)都属于 ISO(International Organization for Standardization，国际标准化组织)和 ITU(International Telecommunication Union，国际电信联盟)提出的 X 系列国际标准。目前，许多公司发展了基于 X.509 的产品，如 Visa、MasterCard、Netscape，而且基于该标准的 Internet 和 Intranet 产品也越来越多。X.509 是目前唯一已经实施的 PKI 系统。X.509 V3 是目前的最新版本，在原有版本的基础上扩充了许多功能。目前，电子商务的安全电子交易协议(Secure Electronic Transaction，SET)也采用 X.509 V3。

　　在网络上，无法预知遇到的网站。因此，也无法验证每个收到的公钥是否可信，或者确认是否真的在与特定公司通信。而在 X.509 标准下，只需要信任几个可靠的顶级认证机构即可。当遇到不熟悉的公钥时，只需沿着金字塔结构一层一层向上追溯，如果最终追溯到一个信任的顶级认证机构，那么这个公钥就是可信的。这种做法简化了在网络上确认身份的难度。

　　然而，X.509 构建的金字塔结构使得根认证中心拥有全部权力和关键的信任关系。这种巨大的权力也伴随着巨大的利益。通过认证中心(如 VeriSign、HiTrust 网际威信)申请 SSL 证书非常昂贵，年费高达数万，对于普通人或中小企业来说几乎无法承受。但是，如果不依赖这些顶级认证中心，而是自己颁发证书，或者没有内置自己制作的认证中心，连接到 SSL 加密网站时就会出现告警。

## 6.3.2　数字证书

　　数字证书包括数字签名、私钥、公钥等几方面的内容。

### 1. Digital Signature(数字签名)

　　数字签名是用 Private Key 针对某一段数据用 Digest Hash 算法(如 SHA1)做出的 Digest 摘要码。只要原来的数据有所不同，演算出来的 Digest 摘要码就会随着变动。这个 Public Key 的接收者，只要检查上面认证中心的签名，就可以知道这个代码和它上面所载的所有者数据是否相符，从而也就知道连接的服务器，是不是真正的 Web 服务器。

### 2. Private Key(私钥)

　　私钥是非对称密码算法中使用的加密密钥对的安全部分。它通常用于解密会话密钥、对数据进行数字签名或解密已使用相应公钥加密的数据。

### 3. Public Key(公钥)

　　公钥是非对称密码算法中使用的加密密钥对的非安全部分。它通常用于加密会话密钥、验证数字签名或加密可使用相应私钥解密的数据。

### 4．Certificate(凭证)

附着所有者的数据(如公司名称、服务器名称、个人真实姓名、电子邮件 E-mail、通信地址等)，并加上数字签名的 Public Key，就是凭证。凭证上会附有几个代表这些签名者的数字签名，用来确认这个 Public Key 的所有者和凭证上所载的数据相符，没有造假。在 X.509 协议中，最下层每一个合格的凭证上都会有一个认证中心的签名，表示这个认证中心检查过，确认凭证上的所有者数据无误。当程序碰到没见过的凭证时，只要检查凭证上认证中心的签名无误，即代表这个认证中心核查过这个凭证，凭证上的资料无误。

### 5．Certificate Authority(认证中心)

认证中心也是一种凭证，上面附有认证中心本身的资料，但不是用来加解密的，而是用来签发凭证的，证明凭证所有者和凭证上所载的数据无误。每一个合格的认证中心上，都会有一个管辖它的最高层认证中心的签名，表示最高层认证中心授权给它，可以签发别人的凭证。当程序碰到没见过的凭证，并且凭证上签名的认证中心也没见过时，只要检查认证中心上附的最高认证中心的签名无误，即认为这个认证中心具有签发凭证的资格，所以这个认证中心签发的凭证有效，凭证上的资料也没有问题。

一份数字证书包括了公钥、个人、服务器或者其他机构的身份信息(称为主题)，证书的身份实体由可以识别的名字字段组成，如表 6-1 所示。

**表 6-1　数字证书中可以识别的名字字段**

| DN 字段 | 缩写 | 全　称 | 含　义 | 示　例 |
|---|---|---|---|---|
| 公共名称 | CN | Common Narlle | 用来验证实体 | CN=Joe |
| 组织或者公司 | O | Organization/Company | 实体与该组织有关 | O=Snake Oil |
| 组织单位 | OU | Organizational Unit | 实体与组织单位有交往 | OU=Research |
| 城市/地区 | L | City/Locality | 实体的地址 | L=Snake |
| 州/省 | ST | State/Province | 实体所在的州或者省 | ST=Desert |
| 国家 | C | Country | 实体所在的国家 | C=XZ |

### 6．root CA(最高层认证中心)

最高认证中心也是认证中心，和一般的认证中心的差别在于，它不会直接签发凭证，而是授权给一些中间的认证中心，让这些中间的认证中心签发凭证。最高认证中心因为已经拥有最高权限，没有上层可以给它签名了，所以凭证上是自己的签名。这样就产生了一个问题：最高一级的证书机构没有授予者，那么谁为它的证书做担保呢？仅在这种情况下，此证书是"自签名"的，即证书中的授予者和主题中的一样，那么此时对自签名的证书要加倍注意。顶级机构广泛发布的公共密钥可以减小信任这个密钥所带来的风险。这显然比其他某个人发布密钥并宣称他是证书机构要安全一些。浏览器通常会默认配置一些被信任的证书机构。

自己建立一个证书机构也是可能的，虽然在 Internet 环境下有风险，但在验证个体或服务器较容易的 Intranet(内部网络)环境中，会很有用。

# 6.4　Apache 服务器

## 6.4.1　Apache 服务器简介

Apache 源于 NCSA Web 服务器，经过多次修改，成为目前世界上最流行的 Web 服务器。Apache 取自"A Patchy Server"的谐音，意思是充满补丁的服务器。因为它是自由软件，源代码是开放的，所以不断有人为它开发新的功能、新的特性，修正原来的缺陷。最初 Apache 只用于小型或实验 Internet 网络，后来逐步扩展到各种 UNIX 系统中，尤其对 Linux 的支持相当完美，因而可以运行在几乎所有的 UNIX、Windows 和 Linux 系统平台上。Apache 有多种产品，支持 SSL 技术和多个虚拟主机、具有可移植性等。Apache 服务器主要有以下特性：

- 支持最新的 HTTP1.1 通信协议。
- 拥有简单而强有力的基于文件的配置过程。
- 支持通用网关接口。
- 支持基于 IP 和域名的虚拟主机。
- 支持多种方式的 HTTP 认证。
- 集成 Perl 处理模块。
- 集成代理服务器模块。
- 支持实时监视服务器状态和定制服务器日志。
- 支持服务器端包含(SSI，Server Side Include)指令。
- 支持安全套接层(SSL)。
- 提供用户会话过程的跟踪。
- 支持 FastCGI(Fast Common Gateway Interface，快速通用网关接口)。
- 通过第三方模块支持 Java Servlets。

## 6.4.2　Apache 服务器的配置

Apache 服务器的主配置文件是 httpd.conf，该文件的位置会因为安装方式的不同而不同。如果使用 RPM 软件包安装，该文件通常存放在 /etc/httpd/conf 目录下；如果使用编译源代码的方式安装，则该文件通常存放在 Apache 安装目录下的 conf 子目录中。下面以使用 RPM 软件包安装的 httpd.conf 文件为例，讲解该配置文件的主要内容。

httpd.conf 文件中的字母不区分大小写，在该文件中以"#"开始的行为注释行。除了注释和空行，服务器把其他的行认为是完整的或部分的指令，指令的语法为"配置参数名称　参数值"。指令又分为类似于 shell 的命令和伪 HTML 标记，其中伪 HTML 标记的语法格式如下：

```
<Directory />
```

```
        Options FollowSymLinks
        AllowOverride None
    </Directory>
```

该文件主要由全局环境配置、主服务器配置和虚拟主机配置 3 部分组成。

### 1. 全局环境配置(Global Environment)

全局环境配置中各部分的内容及含义如下：

• ServerTokens OS：当服务器响应主机头(header)信息时显示 Apache 的版本和操作系统名称。

• ServerRoot "/etc/httpd"：设置存放服务器的配置、出错和记录文件的根目录。

• PidFile run/httpd.pid：指定记录 httpd 守护进程的进程号的 PID 文件。

• Timeout 120：设置客户程序和服务器连接的超时时间，超过这个时间后服务器将断开与客户机的连接。

• KeepAlive Off：设置是否允许在同一个连接上传输多个请求，取值为 on/off。在HTTP1.0 中，同一个连接只能传输一次请求，而 HTTP1.1 支持在同一个连接上传输多个请求。将其设置为 on 可以改善客户端浏览网页的性能，尤其是对于包含很多图像文件的网页。

• MaxKeepAliveRequests 100：设置一次连接内可以进行的 HTTP 请求的最大请求次数。若将其值设置为 0，则将支持在一次连接内进行无限次的传输请求。

• KeepAliveTimeout 15：设置一次连接中的多次请求传输之间的时间。如果服务器已经完成了一次请求，但一直没有接收到客户端程序的下一次请求，在间隔时间超过了这个参数设置的值之后，服务器将断开连接。

• MPM 多处理模块：Apache 中有多个 MPM 多处理模块，这些模块可以分为 Prefork、Worker 和 Perchild 三类。例如，在 Prefork 模块中，可以看到如下的类似配置：

```
    <IfModule prefork.c>
        StartServers 8
        MinSpareServers 5
        MaxSpareServers 20
        ServerLimit 256
        MaxClients 256
        MaxRequestsPerChild 4000
    </IfModule>
```

• Listen 12.34.56.78:80：设置 Apache 服务监听的 IP 和端口。如果不指定 IP 地址，则 Apache 服务将监听系统上所有网络接口的 IP 地址。

• LoadModule 参数值：设置动态加载模块。

• Include conf.d/*.conf：将由 Serverroot 参数指定的目录中的子目录 conf.d 中的 *.conf 文件包含进来，即将 /etc/httpd/conf.d 目录中的 *.conf 文件包含进来。

### 2. 主服务器配置(Main Server)

主服务器配置中各部分的内容及含义如下：

- User apache 和 Group apache：设置运行 Apache 服务器的用户和组。
- ServerAdmin root@localhost：设置管理 Apache 服务器的管理员的邮件地址。
- ServerName new.host.name:80：设置服务器的主机名和端口以标识网站。该选项默认是被注释掉的，服务器将自动通过名称解析过程来获得自己的名字，但建议用户明确定义该选项。由 ServerName 指定的名称应该是 FQDN，也可以使用 IP 地址。如果同时设置了虚拟主机，则在虚拟主机中的设置会替换这里的设置。
- UseCanonicalName Off：设置 Apache 服务器如何构造 URL，取值为 on/off。如果将其设置为 on，服务器将根据 httpd.conf 文件中的 ServerName 来构造 URL；如果其取值为 off，服务器会根据客户发送的请求获得服务器的名称和端口号来构造 URL。
- DocumentRoot "/var/www/html"：设置 Apache 服务器对外发布的网页文档的存放路径，客户程序请求的 URL 将被映射为这个目录下的网页文件。这个目录下的子目录，以及使用符号链接指出的文件和目录都能被浏览器访问，只是要在 URL 上使用同样的相对目录名。用户也可以根据自己的实际情况设置存放网站的目录。
- Directory 目录容器：Apache 服务器可以利用 Directory 容器设置对指定目录的访问控制。例如，对“/”目录进行的默认访问控制的设置：

```
<Directory />
    Options FollowSymLinks
    AllowOverride None
</Directory>
```

- DirectoryIndex index.html index.html.var：设置网站默认首页的网页文件名。在客户机访问网站根目录时，在 URL 中无须包含要访问的网页文件名称，Web 服务器会根据该项设置将默认的网页文件传送给客户机。如果服务器在目录中找不到 DirectoryIndex 指定的文件，并且允许列目录，则在客户机浏览器上会看到该目录的文件列表，否则客户机会得到一个错误消息。
- AccessFileName.htaccess：设置访问控制的文件名，默认为隐藏文件 .htaccess。为了避免客户浏览网站时看到以 .ht 开头的文件，可以使用下面的配置：

```
<Files ~ "^\.ht">
    Order allow,deny
    Deny from all
</Files>
```

- TypesConfig/etc/mime.types：设置 MIME 类型配置文件。设置 MIME 的最初目的是在电子邮件中发送除文本之外的其他二进制文件，如声音、图像等。默认将其设置为 /etc/mime.types 文件，该文件包含了文件扩展名与注册过的文件类型的映射关系。例如，有了这个信息，浏览器在浏览到 .pdf 文档时会自动打开 Adobe PDF 阅读器。
- DefaultType text/plain：有些文件没有 .pdf、.doc 这样的扩展名，可以通过 DefaultType 指定默认文件类型。
- HostnameLookups Off：设置只记录连接 Apache 服务器的 IP 地址，而不记录主机名。
- ErrorLog logs/error_log：指定错误日志的存放位置，此目录为相对目录，是相对于 ServerRoot 目录而言的。

- LogLevel warn：指定记录的错误信息的详细等级为 warn 级。
- LogFormat 参数值：定义记录日志的格式。
- CustomLog logs/access_log combined：指定访问日志的记录格式及存放位置。
- ServerSignature On：指定是否允许配置服务器端生成文档的页脚(错误信息、mod_proxy 的 ftp 目录列表、mod_info 的输出)。
- Alias /icons/ "/var/www/icons/"：为 /var/www/icons/ 设置别名 /icons/。
- ScriptAlias/cgi-bin/ "/var/www/cgi-bin/"：映射 CGI 程序路径。网站中的可执行文件一般都放在 /var/www/cgi-bin/ 目录中，通过上面的设置可以把 /var/www/cgi-bin/ 映射到 DocumentRoot 目录下。
- IndexOptions FancyIndexing VersionSort NameWidth=*：设置客户机浏览器自动生成目录列表的显示方式。FancyIndexing 表示在每一种类型的文件前加上一个小图标加以区别；VersionSort 表示对同一个软件的不同版本进行排序；NameWidth=*表示文件名字段自动适应当前目录下的最长文件名。

在对目录列清单时，系统会自动使用不同的图标表示不同的文件类型。这些特征可以通过 AddIconByEncoding、AddIconByType、AddIcon 等参数设定。其中，AddIconByEncoding 用于设定压缩文件；AddIconByType 表示按照 MIME 类型设定图标；AddIcon 表示把文件类型按照扩展名与相应的图标进行关联。下面是具体的设置实例：

```
AddIconByEncoding (CMP,/icons/compressed.gif) x-compress x-gzip
AddIconByType (TXT,/icons/text.gif) text/*
AddIconByType (IMG,/icons/image2.gif) image/*
AddIconByType (SND,/icons/sound2.gif) audio/*
AddIconByType (VID,/icons/movie.gif) video/*
AddIcon /icons/binary.gif .bin .exe
AddIcon /icons/binhex.gif .hqx
AddIcon /icons/tar.gif .tar
AddIcon /icons/world2.gif .wrl .wrl.gz .vrml .vrm .iv
AddIcon /icons/compressed.gif .Z .z .tgz .gz .zip
AddIcon /icons/a.gif .ps .ai .eps
AddIcon /icons/layout.gif .html .shtml .htm .pdf
AddIcon /icons/text.gif .txt
AddIcon /icons/c.gif .c
AddIcon /icons/p.gif .pl .py
AddIcon /icons/f.gif .for
AddIcon /icons/dvi.gif .dvi
AddIcon /icons/uuencoded.gif .uu
AddIcon /icons/script.gif .conf .sh .shar .csh .ksh .tcl
AddIcon /icons/tex.gif .tex
AddIcon /icons/bomb.gif core
AddIcon /icons/back.gif ..
```

```
AddIcon /icons/hand.right.gif README
AddIcon /icons/folder.gif ^^DIRECTORY^^
AddIcon /icons/blank.gif ^^BLANKICON^^
```

- DefaultIcon /icons/unknown.gif：当使用了 IndexOptions FancyIndexing 之后，还无法识别文件类型时，设置此处显示的图标。
- AddLanguage 参数值：在浏览器启用内容协商时，设置网页内容的语言种类。对中文网页，此项无实际意义。
- LanguagePriority en ca cs da de el eo es et fr he hr it ja ko ltz nl nn no pl pt pt-BR ru sv zh-CN zh-TW：当启用内容协商时，设置语言的先后顺序。
- AddDefaultCharset UTF-8：设置默认字符集。
- AddCharset 参数值：设置各种字符集。
- Alias /error/ "/var/www/error/"：设置错误页面目录的别名。
- BrowserMatch 参数值：基于 User-Agent 信息及参数值设置浏览器类别。

### 3. 虚拟主机配置(Virtual Host)

通过配置虚拟主机，可以在单个服务器上运行多个 Web 站点。对于访问量不大的站点来说，这样做可以降低单个站点的运营成本。虚拟主机可以是基于 IP 地址、主机名或端口号的。基于 IP 地址的虚拟主机需要计算机上配有多个 IP 地址，并为每个 Web 站点分配一个唯一的 IP 地址。基于主机名的虚拟主机，要求拥有多个主机名，并且为每个 Web 站点分配一个主机名。基于端口号的虚拟主机，要求不同的 Web 站点通过不同的端口号监听，这些端口号只要未被系统使用就可以。下面是虚拟主机部分的默认配置示例：

```
NameVirtualHost *
<VirtualHost *>
    ServerAdmin webmaster@dummy-host.example.com
    DocumentRoot /www/docs/dummy-host.example.com
    ServerName dummy-host.example.com
    ErrorLog logs/dummy-host.example.com-error_log
    CustomLog logs/dummy-host.example.com-access_log common
</VirtualHost>
```

## 6.4.3　Apache 服务器的访问控制

有时可能需要将一些敏感的信息放到 Web 服务器上，这时可以利用 Apache 的访问控制机制来实现对信息的保护。Apache 的访问控制主要是通过基于主机的和基于用户口令认证的访问控制机制来控制的。

### 1. 基于主机的访问控制

在 httpd.conf 文件中，有很多类似于<Directory "目录">…</Directory>的指令，在每个指令中有 Options、Allowoverride、Limit 等选项，它们都是和访问控制相关的。Apache 目录访问控制选项及其含义如表 6-2 所示，其中 Options 选项的取值及其含义如表 6-3 所示，Allowoverride 选项所使用的指令组如表 6-4 所示。

表 6-2    Apache 目录访问控制选项及其含义

| 访问控制选项 | 含　义 |
|---|---|
| Options | 设置特定目录中的服务器特性，具体参数选项的取值如表 6-3 所示 |
| Allowoverride | 设置如何使用访问控制文件 .htaccess，具体参数选项的取值如表 6-4 所示 |
| Order | 设置 Apache 缺省的访问权限及 Allow 和 Deny 语句的处理顺序 |
| Allow | 设置允许访问 Apache 服务器的主机，可以是主机名，也可以是 IP 地址 |
| Deny | 设置拒绝访问 Apache 服务器的主机，可以是主机名，也可以是 IP 地址 |

表 6-3    Options 选项的取值及含义及其含义

| 可用选项取值 | 含　义 |
|---|---|
| Indexes | 允许目录浏览。当访问的目录中没有 DirectoryIndex 参数指定的网页文件时，浏览器会列出目录中的目录清单 |
| Multiviews | 允许内容协商的多重视图 |
| All | 支持除 Multiviews 以外的所有选项，如果没有 Options 语句，则默认为 |
| ExecCGI | 允许在该目录下执行 CGI 脚本 |
| FollowSysmLinks | 可以在该目录中使用符号链接，以访问其他目录 |
| Includes | 允许服务器端使用 SSI(服务器包含)技术 |
| IncludesNoExec | 允许服务器端使用 SSI(服务器包含)技术，但禁止执行 CGI 脚本 |
| SymLinksIfOwnerMatch | 目录文件与目录属于同一用户时支持符号链接 |

【注】　可以使用 "+" 或 "-" 号在 Options 选项中添加或取消某个选项的值。如果不使用这两个符号，那么在容器中的 Options 选项的取值将完全覆盖以前的 Options 指令的取值。

表 6-4    Allowoverride 选项所使用的指令组

| 指令组 | 可用指令 | 说明 |
|---|---|---|
| AuthConfig | AuthDBMGroupFile, AuthDBMUserFile, AuthGroupFile, AuthName,AuthType, AuthUserFile, Require | 进行认证、授权及安全的相关指令 |
| FileInfo | DefaultType, ErrorDocument, ForceType, LanguagePriority, SetHandler, SetInputFilter,SetOutputFilter | 控制文件处理方式的相关指令 |
| Indexes | AddDescription, AddIcon, AddIconByEncoding, DefaultIcon, AddIconByType, DirectoryIndex, ReadmeName, FancyIndexing, HeaderName, IndexIgnore, IndexOptions | 控制目录列表方式的相关指令 |
| Limit | Allow, Deny, Order | 进行目录访问控制的相关指令 |
| Options | Options, XBitHack | 启用不能在主配置文件中使用的各种选项 |
| All | 全部指令组 | 可以使用以上所有指令 |
| None | 禁止使用所有指令 | 禁止 .htaccess 文件 |

【例 6-1】　将 /var/test 目录设置为虚拟目录 test，并允许列出目录列表。其步骤如下：

(1) 如图 6-4 所示，执行以下命令新建 /var/test 目录，并将其权限设置为 755：

　　　[root@localhost root]#mkdir /var/test

　　　[root@localhost root]#chmod 755 /var/test

图 6-4　创建 test 目录并设置权限

(2) 如图 6-5 所示，在 /etc/httpd/conf/httpd.conf 文件中添加以下内容：

　　　Alias /test "/var/test"

　　　<Directory "/var/test/">

　　　　　options Indexes

　　　　　AllowOverride None

　　　　　Require all granted

　　　</Directory>

图 6-5　修改 httpd.conf 文件

(3) 如图 6-6 所示，执行以下命令将 /var/test 目录标签类型设置为 httpd_sys_content_t，并用新的标签类型标注已有文件：

　　　[root@localhost ~]#semanage fcontext -a -t　httpd_sys_content_t '/var/test(/.*)?'

　　　[root@localhost ~]#restorecon -R -v /var/test

图 6-6　设置 test 目录标签类型

(4) 重启 httpd 服务，在浏览器中访问该虚拟目录，可看到该虚拟目录下的目录列表，如图 6-7 所示。

图 6-7    查看 test 虚拟目录下的目录列表

【例 6-2】    设置只允许来自 example.cn 域和 192.168.8.0/24 网段的用户访问 test 虚拟目录(实际路径为 /var/test)。

要实现此功能需要使用 Order 选项。Order 选项用于定义缺省的访问权限与 Allow 和 Deny 语句的处理顺序。Allow 和 Deny 语句可以针对客户机的域名或 IP 地址进行设置，以决定能够访问服务器的客户机。Order 语句通常设置为以下两种值之一：

(1) Order allow, deny：缺省禁止所有的客户机访问，且 Allow 语句在 Deny 语句之前被匹配。如果某条件既匹配 Allow 语句又匹配 Deny 语句，则 Deny 语句起作用。

(2) Order deny, allow：缺省允许所有的客户机访问，且 Deny 语句在 Allow 语句之前被匹配。如果某条件既匹配 Allow 语句又匹配 Deny 语句，则 Allow 语句起作用。

下面采用第一种解决方案，在 httpd.conf 文件中对 test 虚拟目录添加以下对应的行：

```
Alias /test "/var/test"
<Directory "/var/test ">
        options Indexes
        order allow, deny
        allow from example.cn
        allow from 192.168.8.0/24
</Directory>
```

【注】    在利用 Order 语句设置访问控制时，Allow 和 Deny 语句的执行顺序是至关重要的。Allow 和 Deny 语句的执行顺序只由 Order 语句决定，而不受书写先后顺序的限制。

【例 6-3】    通过修改 .htaccess 文件，禁止对 test 虚拟目录列出目录列表。

.htaccess 文件可以改变 httpd.conf 主配置文件中的配置，但是它只能设置对目录的访问控制，这个目录就是 .htaccess 文件存放的目录。在 .htaccess 文件中的配置将覆盖 httpd.conf 主配置文件中的配置，但它只有在 Allowoverride 的取值为非 none 时才生效。如果 Allowoverride 的取值为 none，则服务器将不会读取 .htaccess 文件的内容，这样可以加快服务器的响应时间。

其具体步骤如下：

(1) 修改 httpd.conf 文件中<Directory "/var/test/">容器的内容，设置 Allowoverride 指令选项：

```
Alias /test "/var/test"
<Directory "/var/test/">
```

　　　　　Allowoverride options

　　　　</Directory>

　　（2）如图 6-8 所示，在/var/test/.htaccess 文件中，增加禁止列出目录列表选项，其内容
如下：

　　　　　[root@localhost ~]#cat /var/test/.htaccess

　　　　　options -Indexes

图 6-8　禁止列目录

### 2. 基于用户口令认证的访问控制

　　用户口令认证是防止非法用户使用资源的有效手段，也是管理注册用户的有效方法。
现在很多网站都使用用户口令认证来管理用户资源，当访问某些网站或网页时需要输入合
法的用户名和密码才能登录。Apache 服务器允许在主配置文件 httpd.conf 或 .htaccess 文件
中对相应的目录进行强制口令保护。对于口令保护的目录，必须通过 AuthName、AuthType、
AuthUserFile 和 AuthGroupFile 四个指令设置认证访问控制，各配置指令及其含义如表 6-5
所示。

表 6-5　Apache 服务的配置指令及其含义

| 指　令 | 语　法 | 说　明 |
| --- | --- | --- |
| AuthName | AuthName | 领域名称定义受保护领域的名称 |
| AuthType | AuthType Basic 或 Digest | 定义使用的认证方式 |
| AuthUserFile | AuthUserFile | 文件名指定认证用户的口令文件的存放位置 |
| AuthGroupFile | AuthGroupFile | 文件名指定认证组文件的存放位置 |

　　除此之外，还需要用 require 指令指出满足什么条件的用户才能被授权访问。require 指
令的三种格式如表 6-6 所示。

表 6-6　require 指令的三种格式

| 语法格式 | 说　明 |
| --- | --- |
| require user 用户名 [用户名] … | 授权给指定的一个或多个用户，使用空格分隔 |
| require group 组名 [组名] … | 授权给指定的一个或多个组，使用空格分隔 |
| require valid-user | 授权给认证口令文件中的所有用户 |

　　【例 6-4】　对 test 虚拟目录进行保护，只有输入合法的用户名和密码的用户才能访问
该目录。其步骤如下：

　　（1）配置 httpd.conf 文件，在 httpd.conf 文件中配置的内容如下：

　　　　　Alias /test "/var/test"

```
<Directory "/var/test/">
        Options indexes
        AllowOverride none
        AuthName "This is protects for test directory!"    #设置受保护领域的名称字符串
        AuthType Basic                                     #设置用户认证方式为 Basic
        AuthUserFile /etc/httpd/conf/passwdfile            #设置用户认证口令文件
        require valid-user           #设置 passwdfile 文件中的所有用户都为合法用户
</Directory>
```

(2) 如图 6-9 所示，执行以下命令为 andy 用户创建用户密码文件：

```
[root@localhost ~]#htpasswd -c /etc/httpd/conf/passwdfile andy
```

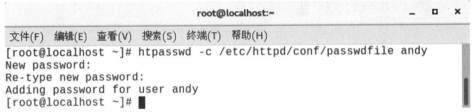

图 6-9    创建密码文件

htpasswd 命令中的 -c 选项表示无论密码文件是否已经存在，都重新写入文件并删除文件中的原有内容。如果要向密码文件中添加第二个及以上用户，就不再需要使用 -c 选项了。

(3) 重新启动 httpd 服务后，通过浏览器访问上述虚拟目录，提示需要输入用户名及密码，如图 6-10 所示。

图 6-10    用户认证访问

### 6.4.4    Apache 服务器的日志管理

对于所有企业来说，除保证网站稳定正常运行外，还需要了解网站访问量和分析报表，这对于了解和监控网站的运行状态，提高网站的服务能力和服务水平是必不可少的。通过对 Web 服务器的日志文件进行分析和统计，能够有效地掌握系统运行的情况及站点内容的被访问情况，有利于加强对整个站及其内容的维护与管理。管理 Web 网站需要监视其速度、Web 内容传送情况、服务器每天的吞吐量和 Web 网站的外来访问量，来了解网站各个页面的访问情况，根据页面的点击率来改善网页的内容和质量，提高内容的可读性。

### 1. 日志的分类

Apache 的标准中规定了 4 类日志，分别为错误日志、访问日志、传输日志、cookie 日志。其中，传输日志和 cookie 日志在 apache 2.0 时已经被取消了，因此这里只讨论错误日志和访问日志。

### 2. 日志的相关配置指令

Apache 中有 4 条与日志相关的配置指令，如表 6-7 所示，前两条是配置错误日志指令，后两条是配置访问日志指令。

表 6-7　Apache 中的日志配置指令

| 日志配置指令 | 说　　明 |
| --- | --- |
| ErrorLog 错误日志文件名 | 指定错误日志的存放路径 |
| LogLevel 错误日志记录等级 | 指定错误日志的记录等级 |
| LogFormat 记录格式说明串，格式昵称 | 指定日志记录格式的类型 |
| CustomLog 访问日志文件名，格式昵称 | 指定访问日志的存放路径和记录格式 |

### 3. 配置错误日志

1) 默认错误日志配置

Apache 默认的错误日志配置了错误日志的存放位置和记录等级，其内容如下：

        ErrorLog "logs/error_log"
        LogLevel warn

2) 错误日志记录等级

Apache 的错误日志记录等级一共分为 8 类，如表 6-8 所示。

表 6-8　Apache 的错误日志记录等级

| 紧急程度 | 等　级 | 说　　明 |
| --- | --- | --- |
| 1 | emerg | 出现紧急情况的系统不可用，如系统宕机等 |
| 2 | alert | 需要立即引起注意的情况 |
| 3 | crit | 危险情况的警告 |
| 4 | error | 除了 emerg、alert、crit 的其他错误 |
| 5 | warn | 警告信息 |
| 6 | notice | 需要引起注意的情况，但不如 error、warn 重要 |
| 7 | info | 值得报告的一般信息 |
| 8 | debug | 由运行与 debug 模式的程序所产生的消息 |

如果指定了错误日志记录的等级为 warn，则记录紧急程度为 1 至 5 的所有信息。可以通过 tail -f /var/log/httpd/error_log 命令来查看错误日志内容，如图 6-11 所示，错误日志的每一行包含错误产生的日期、时间、错误等级和错误的消息。

```
root@localhost:~                                                    _ □ ×
文件(F)  编辑(E)  查看(V)  搜索(S)  终端(T)  帮助(H)
[root@localhost ~]# tail -f /var/log/httpd/error_log
[Sat Feb 22 14:38:08.869269 2020] [core:notice] [pid 13246] AH00094: Command line: '/usr/sbin/httpd -D FOREGROUND'
[Sat Feb 22 14:41:52.612072 2020] [autoindex:error] [pid 13260] [client 192.168.8.109:44340] AH01276: Cannot serve direct
ory /var/www/html/: No matching DirectoryIndex (index.html) found, and server-generated directory index forbidden by Opti
ons directive
[Sat Feb 22 15:07:28.749408 2020] [mpm_prefork:notice] [pid 13246] AH00170: caught SIGWINCH, shutting down gracefully
[Sat Feb 22 15:07:29.803377 2020] [core:notice] [pid 14203] SELinux policy enabled; httpd running as context system_u:sys
tem_r:httpd_t:s0
[Sat Feb 22 15:07:29.805692 2020] [suexec:notice] [pid 14203] AH01232: suEXEC mechanism enabled (wrapper: /usr/sbin/suexe
c)
AH00558: httpd: Could not reliably determine the server's fully qualified domain name, using localhost.localdomain. Set t
he 'ServerName' directive globally to suppress this message
[Sat Feb 22 15:07:29.817592 2020] [lbmethod_heartbeat:notice] [pid 14203] AH02282: No slotmem from mod_heartmonitor
[Sat Feb 22 15:07:29.819619 2020] [mpm_prefork:notice] [pid 14203] AH00163: Apache/2.4.6 (CentOS) configured -- resuming
normal operations
[Sat Feb 22 15:07:29.819645 2020] [core:notice] [pid 14203] AH00094: Command line: '/usr/sbin/httpd -D FOREGROUND'
[Sat Feb 22 15:08:09.020730 2020] [autoindex:error] [pid 14206] [client 192.168.8.109:44366] AH01276: Cannot serve direct
ory /var/www/html/: No matching DirectoryIndex (index.html) found, and server-generated directory index forbidden by Opti
ons directive
```

图 6-11　查看 Apache 错误日志信息

### 4. 配置访问日志

为了便于分析 Apache 的访问日志，按记录的信息不同，将访问日志分为 4 类，并由 LogFormat 指令定义了使用格式类型，如表 6-9 所示。

表 6-9　Apache 的访问日志分类

| 格式分类 | 格式昵称 | 说　　　明 |
|---|---|---|
| 普通日志格式 | common | 大多数日志分析软件都支持这种格式 |
| 参考日志格式 | referer | 记录客户访问站点的用户身份 |
| 代理日志格式 | agent | 记录请求的用户代理 |
| 综合日志格式 | combined | 综合以上 3 种日志信息 |

因为综合日志格式简单地结合了 3 种日志信息，所以在配置访问日志时，要么使用 3 个文件分别记录，要么使用 1 个综合文件记录。

## 6.4.5　Webalizer 日志分析

Webalizer 是一个高效、免费的 Web 服务器日志分析程序，其分析结果以 HTML 文件格式保存，从而可以很方便地通过 Web 服务器进行浏览。Internet 上的很多站点都使用 Webalizer 进行 Web 服务器日志分析。

### 1. Webalizer 特性

Webalizer 具有以下几点特性。

- Webalizer 是采用 C 语言编写的程序，拥有很高的运行效率。
- Webalizer 支持标准的一般日志文件格式，也支持多种组合日志格式，可以统计客户情况以及客户操作系统类型。现在 Webalizer 已经可以支持 wu-ftpd xferlog 日志格式以及

squid 日志文件格式了。

- 支持命令行配置以及配置文件。
- 支持多种语言，可以自己进行本地化工作。
- 支持多种平台，如 UNIX、Linux、NT、OS/2 和 MacOS 等。

### 2. 配置 Webalizer

配置与查看 Webalizer 文件的方法如下：

(1) Webalizer 的配置文件为 /usr/local/etc/webalizer.conf，将该配置文件中的内容修改如下：

| | |
|---|---|
| LogFile | /var/log/httpd/access_log |
| OutputDir | /var/www/html/usage |
| HostName | 192.168.8.109 |

(2) 在客户端浏览器的地址栏中输入 "http://192.168.8.109/usage" 即可查看日志分析结果，如图 6-12 所示。Webalizer 的日志分析结果默认存放在 /var/www/html/usage 目录下。

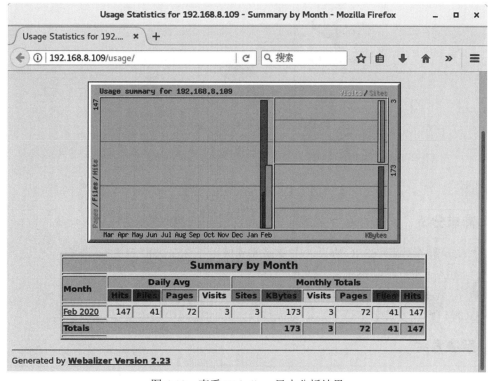

图 6-12    查看 Webalizer 日志分析结果

## 6.4.6   Apache mod_ssl 模块

mod_ssl 模块是 Apache HTTP 服务器的安全模块。mod_ssl 模块使用由 OpenSSL 提供的工具来给 Apache HTTP 服务器添加一项重要功能——加密通信功能。与之相反，若使用常规 HTTP，则浏览器和万维网服务器间的通信就会使用纯文本，它们在浏览器和服务器之间的路线上可能会被其他人截取并偷阅。

# 任务6　基于 SSL 的 Web 服务器配置

 **实践目标**

(1) 掌握 SSL 协议及其工作流程。

(2) 掌握服务器证书 CA 的安装及管理。

基于 SSL 的 Apache 服务器配置

 **应用需求**

为加强企业 Web 服务器的安全，要求对 Web 服务器启用 SSL 协议。Web 服务器的 IP 地址为 192.168.8.109(http://192.168.8.109:8080)，其网络拓扑结构如图 6-13 所示。

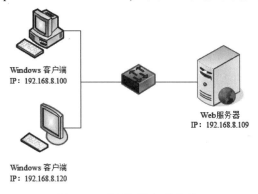

图 6-13　公司网络拓扑结构

 **需求分析**

对 Web 服务器启用 SSL 协议，主要需要完成以下 3 个方面的工作：

(1) 为 Apache 启用 mod_ssl 模块。

(2) 在 Web 服务器上为用户创建密钥和证书。

(3) 客户端在安装数字证书后，可以使用加密的访问协议访问 Web 服务器。

 **解决方案**

配置 Web 服务器的步骤如下：

(1) 如图 6-14 所示，使用以下命令安装 mod_ssl 模块：

```
[root@localhost ~]#yum install mod_ssl
```

图 6-14　Apache 服务安装 mod_ssl 模块

(2) mod_ssl 配置文件位于 /etc/httpd/conf.d/ssl.conf。若要载入这个文件使 mod_ssl 能够工作，则必须在 /etc/httpd/conf/httpd.conf 中包括 IncludeOptional conf.d/*.conf 这条声明，如图 6-15 所示。

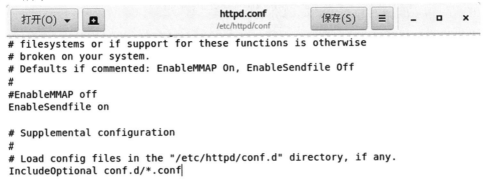

图 6-15　加载/etc/httpd/conf/httpd.conf 配置文件

(3) 如图 6-16 所示，执行以下命令生成随机钥匙：

> [root@localhost ~]#/usr/bin/openssl genrsa 1024 > /etc/pki/tls/certs/server.key

图 6-16　生成随机钥匙

(4) 创建自签证书。如图 6-17 所示，执行以下命令，在给出的提示中输入相应的证书信息，然后系统将自动创建自签证书文件 "/etc/pki/tls/certs/server.crt"：

> [root@localhost ~]#openssl req -new -key /etc/pki/tls/certs/server.key -x509 -days 365 -out
>
> /etc/pki/tls/certs/server.crt

```
文件(F) 编辑(E) 查看(V) 搜索(S) 终端(T) 帮助(H)
[root@localhost ~]# openssl req -new -key /etc/pki/tls/certs/server.key -x509 -days 365 -out /etc/pki/tls/certs/server.crt
You are about to be asked to enter information that will be incorporated
into your certificate request.
What you are about to enter is what is called a Distinguished Name or a DN.
There are quite a few fields but you can leave some blank
For some fields there will be a default value,
If you enter '.', the field will be left blank.
-----
Country Name (2 letter code) [XX]:CN
State or Province Name (full name) []:JS
Locality Name (eg, city) [Default City]:CZ
Organization Name (eg, company) [Default Company Ltd]:IT
Organizational Unit Name (eg, section) []:JSJ
Common Name (eg, your name or your server's hostname) []:192.168.8.109
Email Address []:admin@example.com
[root@localhost ~]#
```

图 6-17　输入证书信息

(5) 如图 6-18 所示，在 /etc/httpd/conf.d/ssl.conf 文件中添加以下内容，来修改其中的证书文件(SSLCertificateFile)和密钥文件(SSLCertificateKeyFile)的存放位置：

> SSLCertificateFile /etc/pki/tls/certs/server.crt
>
> SSLCertificateKeyFile /etc/pki/tls/certs/server.key

图 6-18　修改证书存放位置

(6) 如图 6-19 所示，在 /etc/httpd/conf/httpd.conf 文件中添加以下内容，将 ServerName 修改为证书生成过程中 common name 的值：

　　　ServerName 192.168.8.109:80

图 6-19　修改 ServerName

(7) 如图 6-20 所示，在 /etc/httpd/conf.d/ssl.conf 文件中添加以下内容，将 ServerName 修改为证书生成过程中 common name 的值：

　　　ServerName 192.168.8.109:443

图 6-20　修改 ServerName

(8) 如图 6-21 所示，编辑 /etc/httpd/conf/httpd.conf 文件，在 /var/www/html 目录中添加以下内容来启用网站强制 HTTPS 跳转：

RewriteEngine on

RewriteCond %{SERVER_PORT} !^443$

RewriteRule ^(.*)?$ https://%{SERVER_NAME}/$1 [L,R]

```
打开(O) ▾          httpd.conf          保存(S)  ≡  –  □  ×
                  /etc/httpd/conf
<Directory "/var/www/html">
    #
    # Possible values for the Options directive are "None", "All",
    # or any combination of:
    #   Indexes Includes FollowSymLinks SymLinksifOwnerMatch ExecCGI MultiViews
    #
    # Note that "MultiViews" must be named *explicitly* --- "Options All"
    # doesn't give it to you.
    #
    # The Options directive is both complicated and important.  Please see
    # http://httpd.apache.org/docs/2.4/mod/core.html#options
    # for more information.
    #
    Options Indexes FollowSymLinks
    #
    # AllowOverride controls what directives may be placed in .htaccess files.
    # It can be "All", "None", or any combination of the keywords:
    #   Options FileInfo AuthConfig Limit
    #
    AllowOverride None
    #
    # Controls who can get stuff from this server.
    #
    Require all granted
    RewriteEngine on
    RewriteCond %{SERVER_PORT} !^443$
    RewriteRule ^(.*)?$ https://%{SERVER_NAME}/$1 [L,R]
</Directory>
纯文本 ▾  制表符宽度：8 ▾   行 153，列 6  ▾  插入
```

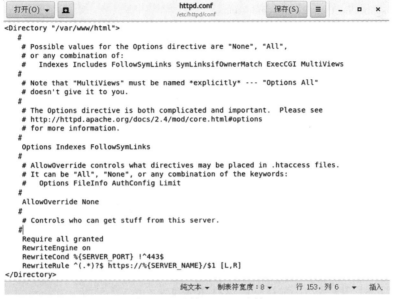

图 6-21　强制 HTTPS 跳转

(9) 配置 SELinux，开放 SELinux 对 HTTP 的限制。如图 6-22 所示，执行以下命令为 /var/www/html 设置 httpd_sys_content_t 标签，并使 SELinux 允许 HTTP 读、写上述目录：

[root@localhost ~]#chcon -t httpd_sys_content_t /var/www/html

[root@localhost ~]#ls -ldZ /var/www/html

```
root@localhost:~
文件(F) 编辑(E) 查看(V) 搜索(S) 终端(T) 帮助(H)
[root@localhost ~]# chcon -t httpd_sys_content_t  /var/www/html
[root@localhost ~]# ls -ldZ  /var/www/html
drwxr-xr-x. root root system_u:object_r:httpd_sys_content_t:s0 /var/www/html
[root@localhost ~]# 
```

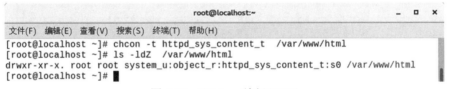

图 6-22　SELinux 放行 HTTP

(10) 如图 6-23 所示，执行以下命令来添加 SELinux 的 HTTP 网络端口：

[root@localhost ~]#semanage port -a -t http_port_t -p tcp 80

[root@localhost ~]#semanage port -a -t http_port_t -p tcp 443

[root@localhost ~]#semanage port -l | grep http_port_t

```
root@localhost:~
文件(F) 编辑(E) 查看(V) 搜索(S) 终端(T) 帮助(H)
[root@localhost ~]# semanage port -a -t http_port_t -p tcp 80
ValueError: 已定义端口 tcp/80
[root@localhost ~]# semanage port -a -t http_port_t -p tcp 443
ValueError: 已定义端口 tcp/443
[root@localhost ~]# semanage port -l | grep http_port_t
http_port_t                tcp      8080, 80, 81, 443, 488, 8008, 8009, 8443, 9000
pegasus_http_port_t        tcp      5988
[root@localhost ~]# 
```

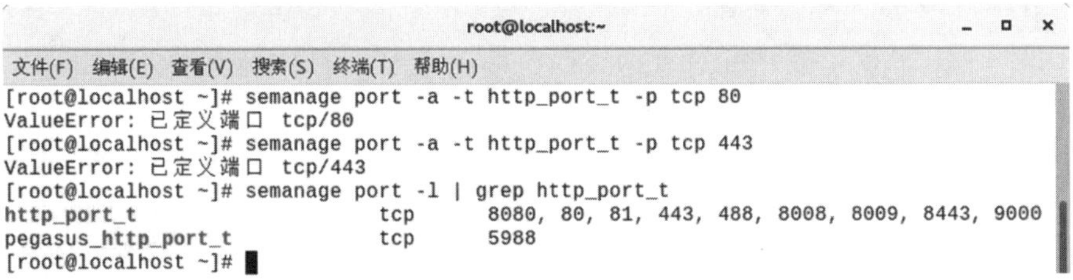

图 6-23　SELinux 开放端口

(11) 如图 6-24 所示，执行以下命令使防火墙 firewalld 放行 HTTP、HTTPS：

[root@localhost ~]#firewall-cmd --permanent --add-service=http

[root@localhost ~]#firewall-cmd --permanent --add-service=https

[root@localhost ~]#firewall-cmd --reload

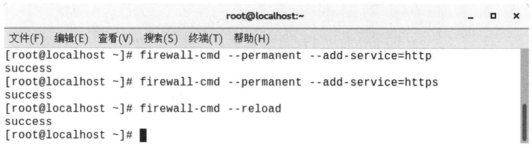

图 6-24    firewalld 放行 HTTP、HTTPS

(12) 重新启动 HTTP 服务，如图 6-25 所示。

图 6-25    重新启动 HTTP 服务

(13) 客户端测试。

在浏览器中打开 http://192.168.8.109，页面会强制跳转到 https://192.168.8.109，如图 6-26
所示。

图 6-26    强制跳转到 HTTPS

查看网站的证书信息，如图 6-27 所示。

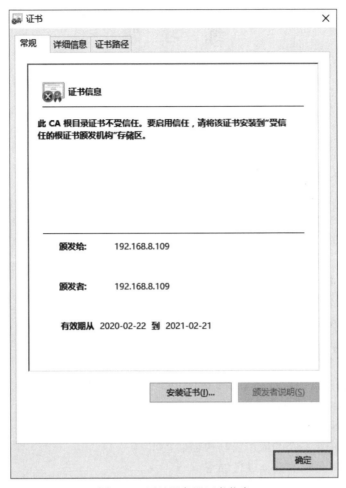

图 6-27　网站服务器证书信息

证书安装完成后，重新访问网站，结果如图 6-28 所示。

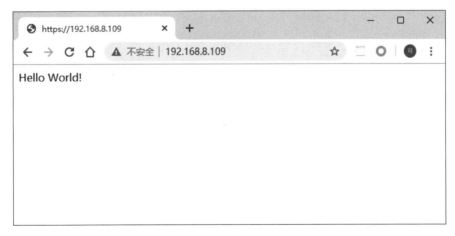

图 6-28　使用 HTTPS 协议访问 Web 服务器

# 练 习 题

1. Apache 的守护进程是(    )。

A. httpd                                B. www

C. web                                  D. apache

2. 修改 Apache 服务器的默认主页，需要修改主配置文件中的(    )属性。

A. DirectoryPath                        B. DefaultHtml

C. IndexPath                            D. DirectoryIndex

3. 下面有关 Apache 的说法，正确的是(    )。

A. Apache 软件包是商业软件

B. Apache 软件包主要提供文件服务

C. Apache 是目前 Linux 平台上用得最多的 Web 服务器

D. Apache 软件包是 Linux 专有的

4. 下列关于 Apache 服务器的叙述，错误的是(    )。

A. Apache 服务器软件现在可以在官方网站上直接下载

B. Apache 服务器是目前世界上使用率最高的服务器

C. Apache 服务器无须设置就可以运行 PHP 文件

D. Apache 服务器支持跨平台

5. 下列关于 SSL 的描述，错误的是(    )。

A. SSL 运行在端系统的应用层与传输层之间

B. SSL 可以对传输的数据进行加密

C. SSL 可以在开始时协商会话使用的加密算法

D. SSL 只能用于 Web 系统保护

# 项目 7 FTP 服务安全配置

 **学习目标**

本项目主要介绍 FTP 的应用场景，FTP 的工作模式、传输模式，以及匿名用户、本地用户和虚拟用户的认证方式。

 **7.1 FTP**

### 1. FTP 概述

FTP(File Transfer Protocol，文件传输协议)用于 Internet 上文件的双向传输。使用 FTP 传输具有一定程度的危险性，因为数据在因特网上是采用完全没有受到保护的明文传输方式。

VSFTP(Very Secure FTP)是一个基于 GPL 发布的类 UNIX 系统上使用的 FTP 服务器软件，是 Linux 下的一款小巧轻快、安全易用的 FTP 服务器软件。VSFTP 主要有以下特性：

- VSFTP 程序的运行者一般是普通用户，降低了相对应进程的权限，提高了安全性。
- 执行任何较高权限的指令都需要上层程序许可。
- FTP 所需要使用的绝大多数命令都被整合到了 VSFTP 中，基本不需要系统额外提供命令。
- VSFTP 拥有 chroot 功能，可以改变用户的根目录，也可以限制用户的工作目录为其主目录。

### 2. FTP 连接类型

FTP 是一种文件传输协议，基于客户端/服务器架构，文件传输过程由命令控制进程以及数据传输进程共同完成，其连接类型分为控制连接和数据连接。

- 控制连接(持续连接)。服务器采用 TCP 21 号端口(命令信道)，用于收发 FTP 命令。
- 数据连接(按需连接)。服务器采用 TCP 端口(数据信道)，用于上传下载数据。

### 3. FTP 工作模式

一个 FTP 文件传输由命令控制进程以及数据传输进程共同完成，基于通信双方谁来发起，可以将 FTP 的工作模式分为主动模式(PORT 模式)和被动模式(PASV 模式)。主动模式下，服务器主动打开 20 号端口进行数据传输；而被动模式下，服务器开放端口通知到客户端，客户端向该端口发起数据连接。

1) 主动模式

客户端向 FTP 服务器发送端口信息，由服务器的 20 号端口主动连接客户端的端口。在文件正式传输前，创建数据连接的过程如下：

(1) FTP 客户端首先和服务器的 TCP 21 端口建立连接，用来发送命令。

(2) 客户端需要接收数据时在这个通道上发送 PORT 命令，PORT 命令包含了客户端用什么端口接收数据。

(3) 在传送数据的时候，服务器端通过自己的 TCP 20 端口连接至客户端的指定端口发送数据。

(4) FTP 服务器必须和客户端建立一个新的连接用来传送数据。

2) 被动模式

FTP 服务器开启并发送端口信息给客户端，由客户端连接该端口，服务器被动接受连接。在文件正式传输前，创建数据连接的过程如下：

(1) FTP 客户端首先和服务器的 TCP 21 端口建立连接，用来建立控制通道发送命令。

(2) 建立连接后，客户端发送 PASV 命令。

(3) 服务器收到 PASV 命令后，打开一个临时端口(端口号大于 1023，小于 65535)并且通知客户端在这个端口上传送数据。

(4) 客户端连接 FTP 服务器的临时端口，然后 FTP 服务器将通过这个端口传输数据。

大多数 FTP 客户端都在局域网中，没有独立的公网 IP 地址，且有防火墙阻拦，主动模式下 FTP 服务器要成功连接到客户端比较困难。因此，若无特殊需求，则建议将 FTP 服务器配置为被动模式。由于 VSTFP 的被动模式是随机端口进行数据传输，所以在设置防火墙时需要注意放行 VSFTP 服务。

**4. FTP 传输模式**

FTP 传输模式分为以下两种：

• Binary 模式。此模式不对数据进行任何处理，适合传输可执行文件、压缩文件、图片等格式的文件。

• ASCII 模式。此模式在进行文本传输时，自动适应目标操作系统的结束符，如回车符等。

**5. vsftpd.conf 常见配置**

/etc/vsftpd/vsftpd.conf 为 VSFTP 的主配置文件，其主要参数配置说明如表 7.1 所示。

表 7-1    vsftpd.conf 主要参数配置说明

| 参　数 | 含　义 |
| --- | --- |
| listen=yes | VSFTP 工作在独立模式下 |
| anonymous_enable=yes | 允许匿名用户登录服务器 |
| local_enable=yes | 允许本地用户登录服务器 |
| pam_service_name=vsftpd | 使用 PAM 认证 |
| write_enable=yes/no | 是否允许全局可写 |

续表

| 参　数 | 含　义 |
| --- | --- |
| download_enable=yes/no | 是否允许所有用户下载 |
| dirlist_enable=yes/no | 是否允许所有用户浏览(列出文件列表) |
| ftpd_banner=欢迎语字符串 | 设置欢迎语 |
| local_root=/path | 本地用户登录服务器后直接进入的目录 |
| local_umask=八进制数 | 本地用户上传档案权限的掩码 |
| local_max_rate=数字 | 本地用户传输速率 |
| chmod_enable=yes/no | 是否允许本地用户改变 FTP |
| user_config_dir=/path | 用户单独配置文件所在目录 |
| userlist_enable=yes/no | 是否允许所有用户浏览(列出文件列表) |
| userlist_deny=yes/no | 是否拒绝 userlist 文件中用户登录 FTP 服务 |
| userlist_file=/path/to/file | 指定的 userlist 文件名 |
| chroot_list_enable=yes/no | 是否启用 chroot_list 文件 |
| chroot_local_user=yes/no | 是否限制本地用户的根目录为自己的主目录 |
| chroot_list_file=/path/to/file | 设置 chrootlist 文件名 |
| anon_upload_enable=yes/no | 是否允许匿名用户上传 |
| anon_mkdir_write_enable=yes/no | 是否允许匿名用户建立文件夹 |
| anon_other_write_enable=yes/no | 是否允许匿名用户使用除建立文件夹和上传文件以外的 FTP 写操作命令，如 delete 和 rename 命令 |
| anon_world_readable_only=yes/no | 匿名用户是否允许下载所有用户都可以访问的文件 |
| max_clients=数字 | 服务器可以接受的最大并发连接数量 |
| max_per_ip=数字 | 每个客户端 IP 可以发起的最大连接数 |
| accept_timeout=数字 | 以被动模式连接数据时，数据连接的超时时间 |
| connect_timeout=数字 | 以主动模式连接数据时，数据连接的超时时间 |
| data_connection_timeout=数字 | 数据连接后等待的空闲时间，超过此时间，数据连接将断开 |
| idle_session_timeout=数字 | 发呆时间，客户端隔多长时间不与服务器交互 FTP 命令，将自动断开 FTP 服务连接 |
| port_enable=yes/no | 是否启用 PORT 模式 |
| connect_from_port_20=yes/no | PORT 模式下是否默认使用固定的 20 号端口 |
| ftp_data_port=port_number | 指定 PORT 模式的端口号 |
| port_promiscuous=yes/no | 是否使用安全的 PORT 模式，默认为 no |
| pasv_enable=yes/no | 是否启用 PASV 模式 |
| pasv_min_port=yes/no | PASV 模式下开启的最小端口 |
| pasv_max_port=yes/no | PASV 模式下开启的最大端口 |
| pasv_promiscuous=yes/no | PASV 模式下是否设置安全的传输，默认为 no |

# 7.2 用户认证方式

用户认证方式分为匿名用户、本地用户和虚拟用户 3 类。

## 1. 匿名用户认证方式

匿名用户账户名为 anonymous，密码为空，默认工作目录为 /var/ftp，默认权限为可下载不可上传，上传权限由两部分组成(主配置文件和文件系统)。典型的匿名用户权限配置参数如下：

| | |
|---|---|
| anonymous_enable=YES | #启用匿名访问 |
| anon_umask=022 | #匿名用户所上传文件的权限掩码 |
| anon_root=/var/ftp | #匿名用户的 FTP 根目录 |
| anon_upload_enable=YES | #允许匿名用户上传文件 |
| anon_mkdir_write_enable=YES | #允许匿名用户创建目录 |
| anon_other_write_enable=YES | #开放其他写入权限(如删除、覆盖、重命名) |
| anon_max_rate=0 | #限制匿名用户最大传输速率(0 为不限速，单位：B/s) |

## 2. 本地用户认证方式

本地用户账户名为操作系统的本地用户名，密码为操作系统的本地用户密码，默认工作目录为用户的主目录，默认最大权限为 rwx------。本地用户权限配置参数如下：

| | |
|---|---|
| local_enable=YES | #启用本地系统用户 |
| local_umask=022 | #本地用户所上传文件的权限掩码 |
| local_root=/var/ftp | #设置本地用户的 FTP 根目录 |
| chroot_local_user=YES | #将用户禁锢在主目录 |
| local_max_rate=0 | #限制最大传输速率 |
| ftpd_banner=Welcome to blah FTP service | #用户登录时显示的欢迎信息 |
| userlist_enable=YES & userlist_deny=YES | #禁止 /etc/vsftpd/user_list 文件中出现的用户名登录 FTP |
| userlist_enable=YES & userlist_deny=NO | #仅允许 /etc/vsftpd/user_list 文件中出现的用户名登录 FTP |
| 配置文件：ftpusers | #禁止 /etc/vsftpd/ftpusers 文件中出现的用户名登录 FTP，权限比 user_list 更高，即时生效 |

## 3. 虚拟用户认证方式

使用虚拟账户代替本地用户账户，可以降低系统的安全隐患；使用本地用户作为虚拟用户的映射用户，可以为虚拟用户提供工作目录和权限控制，并且能够为每一个用户生成单独的配置文件，以便进行严格的权限管理。虚拟用户权限配置参数如下：

| | |
|---|---|
| local_enable=YES | #开启本地账号支持 |
| chroot_local_user=YES | #锁定用户根目录 |

allow_writeable_chroot=YES          #允许写入用户主目录
write_enable=NO                     #关闭用户的写权限
guest_enable=YES                    #开启虚拟用户访问功能
guest_username=vaccount             #设置虚拟用户对应的系统账户为 vaccount

# 任务 7   FTP 虚拟用户配置

 **实践目标**

(1) 掌握 FTP 的工作原理。
(2) 熟练完成 VSFTP 服务器的安全配置与管理。

FTP 虚拟用户配置

 **应用需求**

某学校需要在 Linux 平台上架设基于 VSFTP 务器，为保障服务器的安全，采用虚拟账户的形式，虚拟账户名分别为 vuser01、vuser02，不允许虚拟用户登录 Linux 操作系统，并将其锁定在指定目录 /var/ftp/vdirectory 内，不能进入其他目录，无文件上传权限。VSFTP 络拓扑结构如图 7-1 所示。

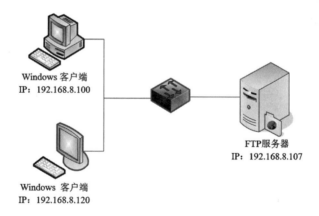

图 7-1   VSFTP 服务所在的网络拓扑结构

 **需求分析**

根据应用需求，完成 FTP 服务器的架设主要包括 VSFTP 软件包的安装、虚拟用户数据库的建立、PAM 文件的配置、虚拟用户对应系统用户的建立、VSFTP 服务配置文件的修改等工作。

 **解决方案**

配置 FTP 虚拟用户的步骤如下：

(1) 如图 7-2 所示，执行以下命令在 Linux 服务器上安装 VSFTP 软件包：

[root@localhost ~]#yum install vsftpd

图 7-2　安装 VSFTP 服务器软件包

(2) 如图 7-3 所示，执行以下命令启动 VSFTP 服务，并设置 VSFTP 开机自动运行：

[root@localhost ~]#systemctl enable vsftpd

[root@localhost ~]#systemctl start vsftpd

图 7-3　设置 VSFTP 开机自动运行

(3) 如图 7-4 所示，执行以下命令配置 SELinux，允许 VSFTP 访问所有文件和目录，包括用户家目录和其他系统目录：

[root@localhost ~]#setsebool -P ftpd_full_access on

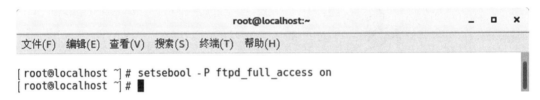

图 7-4　允许 VSFTP 访问所有文件和目录

(4) 如图 7-5 所示，执行以下命令使防火墙 firewalld 放行 FTP 流量：

[root@localhost ~]#firewall-cmd --permanent --add-service=ftp

[root@localhost ~]#firewall-cmd --reload

图 7-5　firewalld 放行 FTP 流量

(5) 如图 7-6 所示，执行以下命令在 /vaccount 目录下创建用户数据文件 vaccount.txt：

[root@localhost ~]#mkdir /vaccount

[root@localhost ~]#touch /vaccount/vaccount.txt

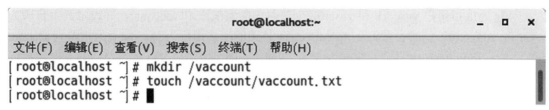

图 7-6　创建虚拟用户文件

(6) 编辑虚拟用户文件 account.txt，添加虚拟用户 vuser01 和 vuser02，并将其密码均设置为 123456，如图 7-7 所示。

图 7-7　添加虚拟用户

(7) 如图 7-8 所示，执行以下命令生成虚拟用户 vaccount.db 数据库文件：

[root@localhost ~]#db_load -T -t hash -f /vaccount/vaccount.txt /vaccount/vaccount.db

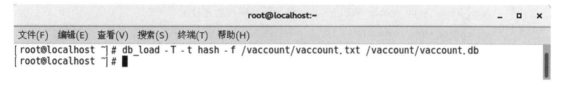

图 7-8　生成虚拟用户数据库文件

(8) 配置 PAM 文件 /etc/pam.d/vsftpd，使 FTP 服务在进行客户端身份验证时，使用虚拟用户数据库文件。如图 7-9 所示，注释 /etc/pam.d/vsftpd 原有内容，添加以下内容：

    auth        required  pam_userdb.so        db=/vaccount/vaccount
    account     required  pam_userdb.so        db=/vaccount/vaccount

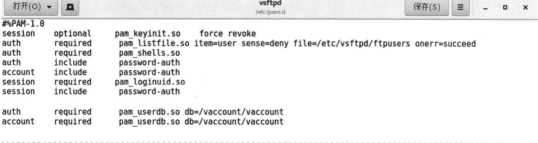

图 7-9　修改 /etc/pam.d/vsftpd 文件

(9) 为虚拟用户 vuser01 和 vuser02 创建对应的系统账户 vaccount，并设定其主目录为
/var/ftp/vdirectory，同时设置 /var/ftp/vdirectory 目录的所属用户为 vaccount，用户组为 account，
设置 /var/ftp/vdirectory 目录的权限为 555，即属主、同组成员以及其他用户均具有读和执行
的权限，命令如下：

　　　　[root@localhost ~]#useradd -d /var/ftp/vdirectory vaccount

　　　　[root@localhost ~]#chown vaccount.vaccount /var/ftp/vdirectory

　　　　[root@localhost ~]#chmod 555 /var/ftp/vdirectory

　　　　[root@localhost ~]#ls -ld /var/ftp/vdirectory

执行过程如图 7-10 所示。

图 7-10　创建虚拟用户对应的系统账户

(10) 如图 7-11 所示，修改 /etc/vsftpd/vsftpd.conf 配置文件，其修改内容如下：

| | |
|---|---|
| anonymous_enable=NO | #禁止匿名访问 |
| anon_upload_enable=NO | #禁止匿名用户上传 |
| anon_mkdir_write_enable=NO | #禁止匿名用户创建目录 |
| anon_other_write_enable=NO | #禁止匿名用户其他写入权限(如重命名、删除等) |
| local_enable=YES | #开启本地账户支持 |
| chroot_local_user=YES | #锁定用户根目录 |
| allow_writeable_chroot=YES | #允许写入用户主目录 |
| write_enable=NO | #关闭用户的写权限 |
| guest_enable=YES | #开启虚拟用户访问功能 |
| guest_username=vaccount | #设置虚拟用户对应的系统账户为 vaccount |
| listen=YES | #设置 FTP 为独立运行 |
| pam_service_name=vsftpd | #配置 VSFTP 使用的 PAM 模块为 vsftpd |

图 7-11　修改 /etc/vsftpd/vsftpd.conf 配置文件

(11) vuser01 用户在客户机(IP：192.168.8.110)上登录 FTP 服务器，登录成功后，无法进入其他目录，试图上传 read.txt 文件，系统也会提示上传失败，如图 7-12 所示。

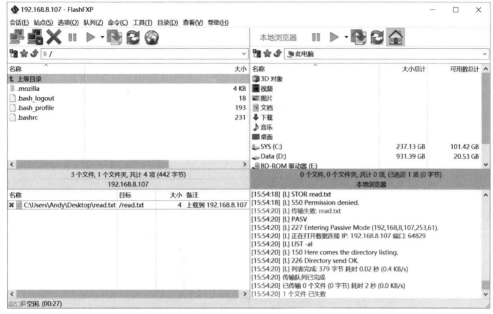

图 7-12　文件上传失败

# 练　习　题

1. 在 Linux 系统中配置 VSFTP 服务器，若需要限制最多允许 50 个客户端同时连接，则应该在 vsftpd.conf 文件中设置(　　)。

A. max_clients=50　　　　　　　　　　　　B. max_per_ip=50

C. local_max_rate=50　　　　　　　　　　　D. anon_max_rate=50

2. VSFTP 的主配置文件是(　　)。

A. /etc/vsftpd.conf　　　　　　　　　　　　B. /var/vsftpd.conf

C. /etc/vsftpd/vsftpd.conf　　　　　　　　　D. /var/vsftpd/vsftpd.conf

3. 在 VSFTP 的配置文件中，用于设置不允许匿名用户登录的配置选项是(　　)。

A. no_anonymous_login=YES　　　　　　　B. anonymous_enable=NO

C. local_enable=NO　　　　　　　　　　　D. o_anonymous_enable=YES

4. 在 VSFTP 的主配置文件中，允许匿名用户删除文件的配置选项是(　　)。

A. write_enable=YES　　　　　　　　　　　B. anon_upload_enable=YES

C. anon_mkdir_write_enable=YES　　　　　　D. on_other_write_enable=NO

5. VSFTP 的主程序文件所在的目录是(　　)。

A. /etc/vsftpd　　　　　　　　　　　　　　B. /var/sbin/vsftpd

C. /usr/sbin/vsftpd　　　　　　　　　　　　D. /home/sbin/vsftpd

# 项目 8　MySQL 服务安全配置

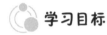

**学习目标**

本项目主要介绍 MySQL 的特点、MySQL 实用程序的使用、MySQL 用户的授权以及 MySQL 数据库的备份与恢复等操作。

## 8.1　MySQL 概述

MySQL 是备受欢迎的数据库服务器，具有快速、健壮和高性能的特点。它支持多用户和多线程，并提供 SQL 查询语言的功能。MySQL 基于客户机/服务器架构，由一个服务器守护程序 mysqld 和多种不同的客户程序及库组成。它由 MySQL AB 开发、发布和支持，现属于 Oracle 公司。MariaDB 数据库管理系统是 MySQL 的一个分支，主要由开源社区维护，采用 GPL 授权许可。其目的是完全兼容 MySQL，包括 API 和命令行，使之能轻松地成为 MySQL 的代替品。

MySQL 服务器支持关键任务、重负载生产系统的使用，也可以将它嵌入到一个大配置的软件中。MySQL 主要有以下特性：

·MySQL 的核心程序采用完全的多线程编程。用多线程和 C 语言编程的 MySQL 能充分利用 CPU 资源，可以采用多 CPU 体系结构。

·MySQL 是自由的开放源代码产品，可以在 GPL 下畅通使用。

·MySQL 可运行在不同的操作系统下。

·MySQL 拥有一个非常快速而且稳定的、基于线程的内存分配系统，可以被持续使用，不必担心其稳定性。

·MySQL 可有效满足 50～1000 个并发用户的访问，并且在超过 600 个用户的限制的情况下，MySQL 的性能没有明显的下降。

·有 C、C++、Java、Perl、PHP 和 Python 等多种客户工具和 API 的支持。

·支持事务处理、行锁定、子查询、外键和全文检索等功能。

·MySQL 支持大型的数据库处理，如上千万条记录的数据库。

·MySQL 有一个非常灵活且安全的权限和口令系统。

**8.2　MySQL 实用程序**

在 MySQL 安装完成后，可以在/usr/bin 路径下找到 MySQL 实用程序，通过这些实用程序可以执行 MySQL 数据库的管理操作。表 8-1 列出了部分实用程序及其功能。

**表 8-1　MySQL 中部分实用程序及其功能**

| 程序名称 | 功　　能 |
| --- | --- |
| safe_mysqld | 脚本文件，用于以安全的方式启动 mysqld 守护进程，其安全包括：当一个错误发生时，有能力重启服务器并且将运行时的信息记录到一个日志文件中 |
| mysql | 一个基于命令行的 MySQL 客户端程序 |
| mysql_install_db | 用于以缺省权限创建 MySQL 权限表，该程序通常仅在系统上第一次安装 MySQL 时执行一次 |
| mysqladmin | 用于执行数据库的管理操作，如创建或删除数据库、加载授权表和停止 MySQL 服务等；也可以用于查看 MySQL 版本、进程和状态信息 |
| myisamchk | 用于描述、检查、优化和修复 MySQL 中的各个表，并可以显示表的相关信息 |
| mysqlshow | 用于显示数据库、表、列和索引等信息 |
| mysqlaccess | 一个脚本，用于检查对主机、用户和数据库组合的存取权限 |
| mysqlbug | MySQL 错误报告脚本，用于向 MySQL 邮件列表中添加错误报告 |
| mysqldump | 用于将 MySQL 数据库中的数据导出到一个文本文件 |
| mysqlimport | 通过 LOAD DATA INFILE 命令，导入数据文件恢复数据 |
| make_binary_release | 用于制作一个编译 MySQL 的二进制版本 |
| msql2mysql | 一个外壳脚本，用于将 Microsoft SQL 数据库转换为 MySQL 数据库 |
| replace | 一个实用程序，由 msql2mysql 使用 |

**1. 客户端程序 mysql**

mysql 是一个非常简单且基于命令行的 MySQL 客户端程序，支持交互式和非交互式使用。当交互式使用时，查询结果以 ASCII 表的格式显示；当非交互式使用时，结果是以定位符分隔的格式表示。输出格式可以使用命令行选项来改变。通过该程序，用户可以非常方便地进行 MySQL 数据库的基本管理工作。

客户端程序 mysql 可以通过下列操作来启用：

　　[root@localhost ~]mysql

　　mysql>

当进入客户端程序 mysql(即出现提示符"mysql>")后，就可以执行 MySQL 支持的所有 SQL 语句了，但要注意，在执行 SQL 语句时，必须以";"或"\g"结尾，以表明语句结束并向 MySQL 数据库系统提交。此外，mysql 还提供了一些子命令，使用 help 或\h 子命令可以查看 mysql 支持的所有子命令及其功能。

客户端程序 mysql 通常会使用不同的提示符来代表其当前所处的状态。表 8-2 给出了 mysql 中部分提示符及其所代表的状态。

### 表 8-2　mysql 中部分提示符及其所代表的状态

| 提示符 | 当前所处的状态 |
|---|---|
| mysql> | 准备好接受新命令 |
| -> | 等待多行命令的下一行 |
| '> | 表明一个以单引号("'")开始的字符串尚未以单引号结束，等待下一行匹配开始的单引号 |
| "> | 表明一个以双引号(""")开始的字符串尚未以双引号结束，等待下一行匹配开始的双引号 |

#### 2. 管理工具 mysqladmin

mysqladmin 命令用于管理 MySQL 数据库，可以直接在 Linux 的 shell 环境中执行。其命令格式如下：

    mysqladmin [options] sub-command [command-option] sub-command...

可以通过执行如下的命令得到 mysqladmin 所支持的选项和子命令列表：

    mysqladmin --help

mysqladmin 中常用的子命令及其说明如表 8-3 所示。

### 表 8-3　mysqladmin 中常用的子命令及其说明

| 子命令 | 说　　明 |
|---|---|
| create | 创建一个新数据库 |
| drop | 删除一个数据库及其所有表 |
| extended-status | 显示服务器的扩展状态信息 |
| flush-hosts | 清空缓存的所有主机 |
| flush-logs | 关闭日志文件并且重新启用常规日志和更新日志 |
| flush-tables | 关闭所有打开的表 |
| flush-privileges | 重新加载授权表(同 reload) |
| kill id,id,... | 终止 MySQL 程序 |
| password | 更改口令 |
| pmg | 检查 mysqld 是否运行 |
| processlist | 显示服务器中运行的线程列表 |
| reload | 重新加载授权表 |
| refresh | 关闭所有打开的表并关闭和重新启用日志文件 |
| shutdown | 停止 MySQL 服务 |
| status | 显示服务器的基本状态信息 |
| variables | 列出可用变量 |
| Verslon | 显示 MySQL 的版本信息 |

**8.3  MySQL 用户权限管理**

MySQL 中提供了一套非常实用的权限系统,用于管理和控制某个用户能否使用其所提供的客户机主机名、用户名和密码连接到指定的数据库服务器、打开所需数据库以及对数据进行读取(select)、添加(insert)、修改(update)和删除(delete)等操作。

**1. 系统数据库 mysql**

MySQL 内置了一个系统数据库 mysql,其中包含存放着权限系统所需要的数据的授权表。MySQL 服务器在启动时,会首先读取系统数据库 mysql 中的授权表,并将表中相关的数据装入内存,当用户连接数据库服务器并对数据库进行存取操作时,MySQL 会根据这些表中的数据做相应的权限控制。因此,在设置用户的存取权限时,要对系统数据库 mysql 中有关的表进行修改。

系统数据库 mysql 中用于权限系统的授权表主要包括 user、db、host、tables_priv 和 columns_priv。可以启用客户端程序 mysql,执行 show tables 命令进行查看,并使用 describe 命令列出上述各个表的结构。为了方便说明,表 8-4 和表 8-5 列出了授权表中的字段名称。

**表 8-4  user、db 和 host 表中的字段**

| 表名称 | user | db | host | 字段类型 |
|---|---|---|---|---|
| 范围字段 | Host | Host | Host | char(60) |
| | | Db | Db | char(64) |
| | User | User | | char(16) |
| | Password | | | char(16) |
| 权限字段 | Select_priv | Select_priv | Select_priv | enum('N', 'Y') |
| | Insert_priv | Insert_priv | Insert_priv | enum('N', 'Y') |
| | Update_priv | Update-priv | Update_priv | enum('N', 'Y') |
| | Delete_priv | Delete-priv | Delete_priv | enum('N', 'Y') |
| | Index_priv | Index_priv | Index_priv | enum('N', 'Y') |
| | Alter_priv | Alter_priv | Alter_priv | enum('N', 'Y') |
| | Create_priv | Create_priv | Create-priv | enum('N', 'Y') |
| | Drop_priv | Drop_priv | Drop_priv | enum('N', 'Y') |
| | Grant_priv | GranLpriv | Grant_priv | enum('N', 'Y') |
| | Reload_priv | | | enum('N', 'Y') |
| | Shutdown_priv | | | enum('N', 'Y') |
| | Process_priv | | | enum('N', 'Y') |
| | File_priv | | | enum('N', 'Y') |

在 user、db 和 host 表中,所有权限字段被定义成 enum('N', 'Y'),即每一个字段都可能有 "N" 和 "Y" 两个值,并且默认值都为 "N"。

### 表 8-5　tables_priv 和 columns_priv 表中的字段

| 表名称 | Tables_priv | columns_priv | 字 段 类 型 |
|---|---|---|---|
| 范围字段 | Host | Host | char(60) |
| | Db | Db | char(64) |
| | User | User | char(16) |
| | Table_name | Table_name | char(64) |
| | | Column_name | char(64) |
| 权限字段 | Table_priv | | set('Select', 'Insert', 'Update', 'Delete', 'Create', 'Drop', 'Grant', 'References', 'Index', 'Alter') |
| | Column_priv | Column_priv | set('Select', 'Insert', 'Update', 'References') |
| 其他字段 | Timestamp | Timestamp | timestamp(16) |
| | Grantor | | char(77) |

#### 2. MySQL 数据库权限

在上述系统数据库 mysql 的各个授权表中,以字段的形式存储了 MySQL 数据库权限。这些权限及其含义如表 8-6 所示。

### 表 8-6　MySQL 数据库权限及其含义

| 权限 | 字段名 | 权 限 说 明 |
|---|---|---|
| select | Select_priv | 读取表中的数据 |
| insert | Insert_priv | 向表中插入数据 |
| update | Update_priv | 更改表中的数据 |
| delete | Delete_prlv | 删除表中的数据 |
| index | Index_priv | 创建或删除表的索引 |
| alter | Alter_priv | 修改表的结构 |
| create | Create_priv | 创建新的数据库和表 |
| drop | Drop_priv | 删除现存的数据库和表 |
| grant | Grant_pnv | 将自己拥有的某些权限授予其他用户 |
| file | File_priv | 在数据库服务器上读取和写入文件 |
| reload | Reload_priv | 进行一些系统的操作,该权限的拥有者可以执行的命令有 reload、refresh、flush-privileges、flush-hosts、flush-tables。其中 reload 命令用于重新载入授权表,refresh 命令用于刷新所有表并打开和关闭日志文件,flush-privileges 与 reload 功能相同,其他 flush-* 命令类似 refresh 的功能,但其范围有限,因此适用于某些特定情况。例如,如果只想清洗日志文件,则使用 flush-log 比 refresh 更合适 |
| shutdown | Shutdown_priv | 停止或关闭 MySQL |
| process | Process_priv | 查看当前执行的查询,该权限的拥有者可以执行的命令有 processlist 和 kill。processlist 用于显示在服务器内执行的线程的信息,kill 用于终止服务器线程 |

### 3. MySQL 权限系统的工作原理

MySQL 权限系统保证了所有的用户可以严格按照事先分配好的权限对数据库进行允许的操作。当用户试图连接到一个 MySQL 服务器并且对数据库进行相关操作时，MySQL 权限系统将对用户的身份进行验证并授予其相应的操作权限，这一过程包含两个阶段，即连接验证阶段和请求验证阶段。

#### 1) 连接验证阶段

在连接验证阶段，MySQL 权限系统将检查用户是否被允许连接到 MySQL 服务器。当用户试图连接到一个 MySQL 服务器时，MySQL 权限系统将基于用户的身份和其提供的口令来判断是接受或拒绝连接。如果用户未能通过验证，则到服务器的连接和对数据库的存取将被完全拒绝；否则，服务器将接受连接，然后进入请求验证阶段。

用户的身份根据两个信息来确定，即从哪个主机连接和使用哪个 MySQL 用户。因为从主机 mysql.com 连接的 user1 用户不一定与从主机 postgresql.com 连接的 user1 用户是同一个人。MySQL 权限系统能够区分来自不同的主机但使用相同用户名的连接，从而为其分配不同的权限。

连接验证需要使用系统数据库 mysql 中 user 表的 Host、User 和 Password 共 3 个范围字段。只有当 user 表中的一行能够匹配主机名和用户名以及用户提供的口令时，服务器才会接受连接。因此，在连接 MySQL 服务器时，需要提供主机名、用户名和正确的口令。

#### 2) 请求验证阶段

一旦用户通过了连接验证，与服务器建立了连接，验证过程将进入第二阶段——请求验证阶段。

在请求验证阶段，MySQL 权限系统将会检查用户所发出的每一个对于数据库的操作请求，以确定用户是否具有足够的权限来执行这一操作。例如，用户用 SELECT 语句读取数据库中一个表的数据，MySQL 权限系统将会确定该用户是否对该表有 select 权限。

MySQL 权限系统在进行请求验证时，可能会用到系统数据库 mysql 中 user、db、host、tables_priv 或 columns_priv 表的范围字段和权限字段，通常遵循的规则如下：

• user 表的范围字段用于决定接受或拒绝连接。对于接受的连接，相应的权限字段将定义用户的全局权限(超级用户权限)。全局权限(超级用户权限)适用于当前 MySQL 服务器中的所有数据库。例如，如果 user 表中定义了某个用户具有 delete 权限，则该用户可以在服务器上的任何数据库中删除行。因此，在实际应用中，应该只把 user 表的权限授予超级用户，如服务器或数据库管理员；而对于其他用户，应该将在 user 表中的权限字段设成"N"，然后借助 db 和 host 表对特定的数据库进行授权。

• db 和 host 表用于授予用户对特定数据库的操作权限。db 表的范围字段决定用户能从哪个主机对哪个数据库进行操作，权限字段决定允许什么操作。当需要允许若干主机可以对同一个数据库进行操作时，host 表将作为 db 表的扩展被使用。db 表中的对该数据库条目的 host 字段将被设置为空值，而那些需要对数据库进行操作的主机条目都将移入 host 表。

• tables_priv 和 columns_priv 表的作用类似于 db 表，除了可以针对数据库进行授权，还可以针对表和列进行授权，因此更加细致灵活。

• 管理权限(如 reload、shutdown 等)仅在 user 表中被指定。这是因为管理性操作是针对服务器本身的操作，而不是特定数据库。因此，对于管理性操作的请求，权限系统将只检查 user 表中的条目，其中允许请求的操作将被授权，否则将直接被拒绝，不用再去检查 db 或 host 表。

• file 权限也仅在 user 表中被指定。该权限虽然不是管理性权限，但是对 MySQL 服务器上的文件进行读取或写入的操作也是针对服务器本身的，而不是针对某个特定的数据库。

### 4．连接 MySQL 数据库

要想使用 MySQL 客户端程序对数据库进行管理，首先需要连接将要管理的 MySQL 服务器。连接时，需要指定主机名、用户名和口令，其命令格式为：

　　　　mysql [-h hostname] [-u username] [-p[password]] [database]

其中，-h、-u 和 -p 选项对应的另一种形式分别是 --host=host_name、--user=user_name 和 --password= your_pass。

上述命令的参数及其含义如表 8-7 所示。

表 8-7　连接 MySQL 服务器的命令参数及其含义

| 参　　数 | 说　　明 |
| --- | --- |
| -h hostname 或<br>--host=host_name | hostname 代表将要连接所使用的主机名。如果省略此参数，则默认的主机名为 localhost |
| -u username 或<br>--user=user_name | username 代表连接 MySQL 服务器时所使用的用户名。当指定了一个不存在的用户名时，MySQL 会将其视为匿名用户，使用匿名用户连接时不需要口令。如果省略此参数，则默认用户名为登录 Linux 系统的用户名 |
| -p[password] 或<br>--password=your_pass | password 代表与上述用户名对应的口令。需要注意的是 -p 或 --password 与其后面跟随的口令值之间不能有空格。如果 -p 或 --password 后面不跟随任何口令，则将会被提示输入口令。如果省略此参数，则默认的口令为空 |
| database | database 代表连接到服务器后要打开的数据库名称。如果省略此参数，则不打开任何数据库 |

在上述命令中，如果省略了主机名、用户名和口令，只输入 mysql 命令，如同本节前面介绍的在启用客户端程序 mysql 时所使用的命令格式，则 mysql 会使用该命令的默认值。因此，如果在使用 root 用户登录到 Linux 系统时只输入了 mysql 命令来连接服务器的话，其实运行结果等价于 mysql -h localhost -u root 命令，执行命令结果如图 8-1 和图 8-2 所示。

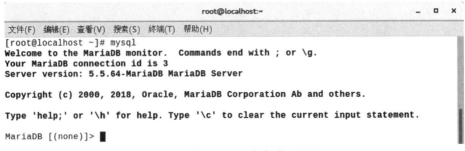

图 8-1　使用 mysql 命令默认登录

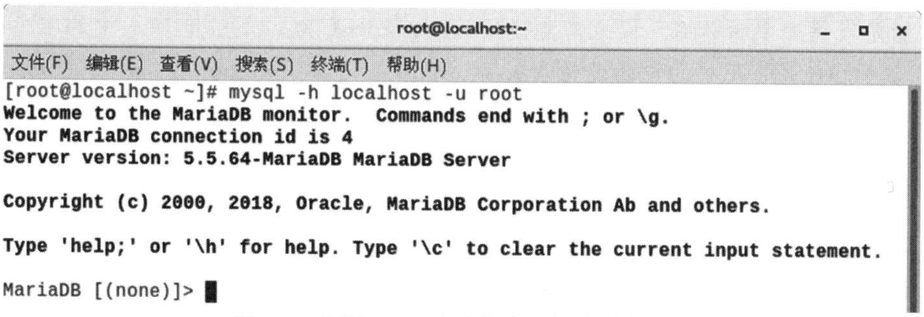

图 8-2　使用 mysql 命令指定主机和用户登录

### 5. MySQL 的初始化权限

MySQL 安装完成之后，在启动 MySQL 服务(mysqld)时，会加载授权表中的初始权限设置。这些初始权限存储在 user 和 db 表中，可以使用 SELECT 语句进行查看。初始权限如下：

- 内置一个口令为空的 root 用户，该用户是可以对 MySQL 数据库进行任何操作的超级用户。使用 root 用户连接服务器时，必须由本地主机(localhost)发出。
- 内置一个匿名用户，该用户可对一个名为"test"或名称以"test_"开始的数据库进行任何操作。使用匿名用户连接服务器时，也必须由本地主机(localhost)发出。
- 其他权限均被拒绝。

### 6. 设置 MySQL 超级用户 root 的口令

由于 MySQL 在初始时，超级用户 root 的口令为空，所以任何人都可以无需口令而以 root 用户进行连接并且被授予所有权限。尽管这样的连接必须从本地主机发出，但对于 MySQL 数据库来说仍然是不安全的。因此，权限管理的第一项工作就是应该为 root 设置一个口令。同时，如果没有特别的需要，建议将匿名用户删除。

为 root 用户设置密码的 3 种方法如下：

(1) 使用 mysqladmin 实用程序将 root 口令设置为 123456，命令如下：

    [root@localhost ~]#mysqladmin password '123456'

(2) 使用 set password 语句和 password()函数将 root 口令设置为 123456，语句如下：

    mysql> set password for 'root'@'localhost'=password('123456');

    mysql> flush privileges;

(3) 使用 update 语句和 password()函数将 root 口令设置为 123456，语句如下：

    mysql> update user set password=password('123456') where user='root';

    mysql> flush privileges;

删除匿名用户的语句如下：

    mysql>use mysql;

    mysql> delete from user where user=";

    mysql> flush privileges;

【注】由于 MySQL 在进行密码存储时要进行加密处理，然后再将加密之后的密码保存到数据库中。MySQL 在对用户连接进行验证时，需要先对用户输入的密码进行加密处理，然后将加密处理后的密码和数据库中保存的加密密码进行比较，以此进行验证。而现在直

接操作的是数据库中的数据，因此需要使用 password()函数，将 SQL 语句中的密码进行加密存储。其他 MySQL 用户的口令设置方法，与 MySQL 超级用户 root 的口令设置方法相同。

### 7. GRANT 和 REVOKE 语句

GRANT 语句用于授予用户权限，其语法如下：

```
GRANT priv_type[(column_list)][,priv_type[(column_list)]...]
    ON{*.*|*|db_name.*|db_name.tbl_name|db_name}
    TO user_name[IDENTIFIED BY 'password']
        [,user_name [IDENTIFIED BY 'password']...]
    [WITH GRANT OPTION]
```

REVOKE 语句用于撤销用户权限，其语法如下：

```
REVOKE priv_type[(column_list)][,priv_type[(column_list)]...]
    ON{*.*|*|db_name.*|db_name.tbl_name|db_name}
    FROM user_name[,user_name...]
```

其中，各选项及其含义如表 8-8 所示。

#### 表 8-8　GRANT 和 REVOKE 语句中各选项及其含义

| 选　项 | 说　　明 |
|---|---|
| priv_type | 代表将要授予用户的权限，可以使用参数代替。参数"ALL"代表所有权限，特定的权限指表 8-6 中的具体权限，可同时指定多个权限，中间用逗号隔开 |
| ON | 指定权限的作用对象，后面可跟随参数。其中，"*.*"代表当前服务器上的所有数据库及其中的所有表；"*"代表当前数据库中的所有表；"db_name.*"代表某个给定数据库中的所有表；"db_name.tbl_name"代表某个给定数据库中的某个表；"db_name"代表某个给定的数据库 |
| TO | 指定将要被设置权限的用户。可以同时设置多个用户，设置多个用户时可以使用通配符"%"和"_"。用户名要采用"user@localhost"的形式，表明是 localhost 主机的某个用户 |
| IDENTIFIED BY | 指定用户的口令 |
| WITH GRANT OPTION | 此选项授予用户具有将指定权限范围内的任何权限授予其他用户的能力。例如，授予某个用户针对某个数据库的 select 权限并且指定了 WITH GRANT OPTION，则该用户能够将针对该数据库的 select 权限授予其他用户 |
| FROM | 指定将要被撤销权限的用户。可以同时设置多个用户，设置多个用户时可以使用通配符"%"和"_"。用户名不必采用"user@localhost"的形式 |

### 8. 禁止 root 用户远程登录

由于数据库容易遭受攻击，为提高服务器的安全性，可以设置 MySQL 数据库禁止 root 用户远程登录，如图 8-3 所示，执行以下 SQL 语句：

mysql>use mysql;

mysql>update user set host = "localhost" where user = "root" and host = "%";

mysql>update user set host='%' where user='root' and host='localhost' limit 1;

mysql>flush privileges;

```
                              root@localhost:~                    _  □  ×
文件(F)  编辑(E)  查看(V)  搜索(S)  终端(T)  帮助(H)
MariaDB [stuscore]> use mysql;
Reading table information for completion of table and column names
You can turn off this feature to get a quicker startup with -A

Database changed
MariaDB [mysql]> update user set host = "localhost" where user = "root" and host = "%";
Query OK, 0 rows affected (0.00 sec)
Rows matched: 0  Changed: 0  Warnings: 0

MariaDB [mysql]> update user set host='%' where user='root' and host='localhost' limit 1;
Query OK, 1 row affected (0.00 sec)
Rows matched: 1  Changed: 1  Warnings: 0

MariaDB [mysql]> flush privileges;
Query OK, 0 rows affected (0.00 sec)

MariaDB [mysql]>
```

图 8-3　禁止 root 用户远程登录

# 8.4　MySQL 数据库的备份与恢复

## 8.4.1　手工备份数据库

MySQL 数据库的常用备份方法是使用实用程序 mysqldump，其命令格式如下：

mysqldump [OPTIONS] database [tables]

其中，各选项及其含义如表 8-9 所示。

表 8-9　mysqldump 命令的各选项及其含义

| 选　项 | 含　　义 |
| --- | --- |
| OPTIONS | 通常在备份数据库时使用 --quick 或 --opt 选项，否则 mysqldump 会把整个备份结果加载到内存中之后才正式进行备份，如果备份的是一个较大的数据库，可能会导致系统故障 |
| database | 代表将要备份的数据库 |
| tables | 代表将要备份的表，如果不指定任何表，则备份整个数据库 |

【例 8-1】　将数据库 sales 备份到 /root 目录下，命令如下：

[root@localhost ~]#mysqldump -u root -p123456 --opt sales > /root/sales_bak110322.sql

## 8.4.2　手工恢复数据库

数据库系统出现崩溃时，应该使用最近一次备份对数据库进行恢复，如果启用了更新日志，则还需要重新执行更新日志中最近一次备份之后对数据库进行修改的所有查询，以尽可能地将数据恢复到崩溃时刻所处的状态。

【例 8-2】 使用 /root 目录下的数据库备份文件 sales_bak110322.sql 来恢复 sales 数据库，命令如下：

```
[root@localhost~]#mysql -u root -p123456 sales < /mysql.bak/sales_bak110322.sql
```

### 8.4.3 自动备份数据库

通过创建 shell 脚本命令，可以让 Linux 系统在指定时间自动备份 MySQL 数据库。

【例 8-3】 让 Linux 操作系统自动对 stuscore 数据库在每日的 00:30 进行备份，设置方法如下：

(1) 创建自动备份脚本文件，如图 8-4 所示。

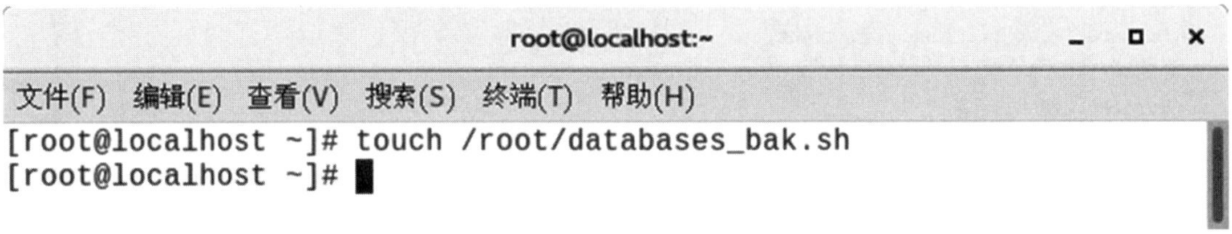

```
                         root@localhost:~                        _  □  ×

文件(F)  编辑(E)  查看(V)  搜索(S)  终端(T)  帮助(H)

[root@localhost ~]# touch /root/databases_bak.sh
[root@localhost ~]#
```

图 8-4  创建自动备份脚本文件

(2) 编辑该脚本文件。如图 8-5 和图 8-6 所示，输入以下内容为该文件添加执行权限：

```
#!/bin/sh
#File: /root/database_bak.sh
DB_USER="root"                              #用户名
DB_PASS="123456"                            #密码
DB_NAME="stuscore"                          #要备份的数据名
DATE='date +%Y_%m_%d'                       #要备份的日期
YESTERDAY='date -d yesterday +%Y_%m_%d'     #昨天的备份
BIN_DIR="/usr/bin"                          #mysql 命令路径
DATA_DIR="/var/lib/mysql/stuscore"          #数据库存放路径
BACK_DIR="/root/database_bak"               #备份路径
cd $BACK_DIR
#删除以前该数据库的备份
if [ -f "$YESTERDAY$DB_NAME.sql" ]
then
rm -f "$YESTERDAY$DB_NAME.sql"
fi
#备份
${BIN_DIR}/mysqldump --opt -u ${DB_USER} -p${DB_PASS} ${DB_NAME} >
${BACK_DIR}/${DATE}${DB_NAME}.sql
```

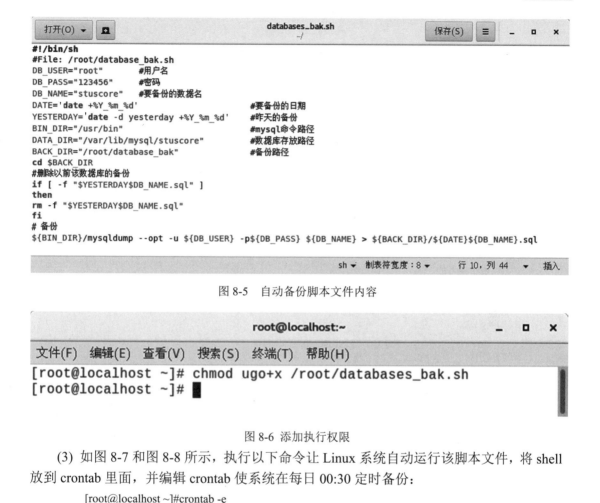

图 8-5　自动备份脚本文件内容

图 8-6　添加执行权限

(3) 如图 8-7 和图 8-8 所示，执行以下命令让 Linux 系统自动运行该脚本文件，将 shell 放到 crontab 里面，并编辑 crontab 使系统在每日 00:30 定时备份：

[root@localhost ~]#crontab -e

图 8-7　编辑 crontab

图 8-8　将备份数据库脚本 shell 添加到计划任务

(4) 如图 8-9 所示，可以通过以下命令查看 shell 是否已经被添加到 crontab 中：

[root@localhost ~]#crontab -l

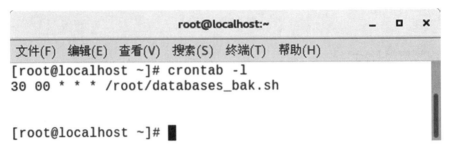

图 8-9　查看 shell 是否已经被添加到 crontab 中

(5) 系统将在每日 00:30 备份 stuscore 数据库，并删除前一天的数据库备份文件，如图 8-10 所示。

图 8-10　系统自动备份 stuscore 数据库

# 任务 8　MySQL 服务安全配置

 **实践目标**

(1) 掌握 SQL 语句的语法。

(2) 熟练完成 MariaDB 服务器的安全配置与管理。

MySQL 权限管理

 **应用需求**

某学校需要在 Linux 平台上架设基于 MariaDB 的学生选课数据库，root 管理员授予 andrew 可以从任何位置连接数据库服务器，并对 stuscore 具有完全访问权限，便于对数据 stuscore 进行日常维护。根据业务需要，用户 andrew 将自己的权限授予 shiny，但仅限于在 IP 地址为 192.168.8.110 上登录时对 stuscore 数据库执行查询语句。学校选课系统所在的网络拓扑结构如图 8-11 所示。

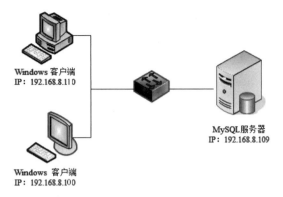

图 8-11　学校局部网络拓扑结构

 **需求分析**

根据应用需求，要完成 MariaDB 数据库的架设主要包括：MariaDB 数据库服务器的安装、数据库 stuscore 的创建、stu 表的创建、管理用户的创建以及相应权限的授权等工作。

**解决方案**

配置 MySQL 服务器的步骤如下：

(1) 如图 8-12 和图 8-13 所示，执行以下命令在 Linux 服务器上安装 MariaDB 数据库及 MySQL 客户端：

> [root@localhost ~]#yum install mariadb-server

> [root@localhost ~]#yum install mysql

图 8-12　安装 MariaDB 服务器软件包

图 8-13　安装 MySQL 客户端软件包

(2) 如图 8-14 所示，执行以下命令启动 MariaDB 服务，并设置 MariaDB 开机自动运行：

> [root@localhost ~]#systemctl enable mariadb

> [root@localhost ~]#systemctl start mariadb

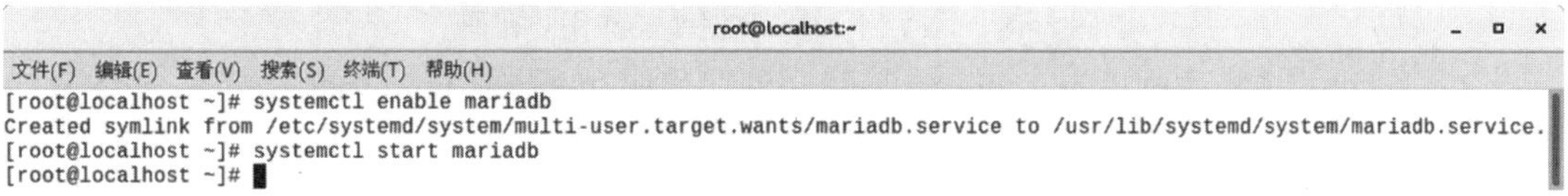

图 8-14　设置 MariaDB 开机自动运行

(3) 配置 SELinux，开放 SELinux 对 MySQL 的限制。如图 8-15 所示，执行以下命令为 /var/lib/mysql 设置 mysqld_db_t 标签，使 SELinux 允许 MySQL 读、写上述目录：

```
[root@localhost ~]#ls -ldZ /var/lib/mysql
```

```
[root@localhost ~]#chcon -t mysqld_db_t /var/lib/mysql
```

```
[root@localhost ~]# ls -ldZ /var/lib/mysql
drwxr-xr-x. mysql mysql system_u:object_r:mysqld_db_t:s0 /var/lib/mysql
[root@localhost ~]# chcon -t mysqld_db_t /var/lib/mysql
[root@localhost ~]# ls -ldZ /var/lib/mysql
drwxr-xr-x. mysql mysql system_u:object_r:mysqld_db_t:s0 /var/lib/mysql
[root@localhost ~]#
```

图 8-15　SELinux 放行 MySQL

(4) 如图 8-16 所示，执行以下命令放行 MariaDB 服务端口 3306：

```
[root@localhost ~]#semanage port -a -t mysqld_port_t -p tcp 3306
```

```
[root@localhost ~]# semanage port -a -t mysqld_port_t -p tcp 3306
ValueError: 已定义端口 tcp/3306
[root@localhost ~]#
```

图 8-16　开放 3306 端口

(5) 如图 8-17 所示，执行以下命令使防火墙 firewalld 放行 MariaDB 流量：

```
[root@localhost ~]#firewall-cmd --permanent --add-service=mysql
```

```
[root@localhost ~]#firewall-cmd --reload
```

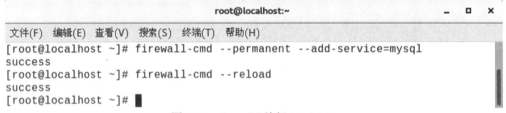

```
[root@localhost ~]# firewall-cmd --permanent --add-service=mysql
success
[root@localhost ~]# firewall-cmd --reload
success
[root@localhost ~]#
```

图 8-17　firewalld 放行 MariaDB

(6) 如图 8-18 所示，执行以下命令修改 MariaDB 数据库 root 用户的密码为 123456：

```
[root@localhost ~]#mysqladmin -u root -p password 123456
```

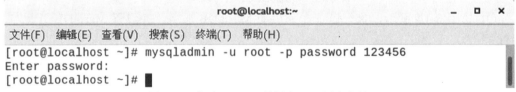

```
[root@localhost ~]# mysqladmin -u root -p password 123456
Enter password:
[root@localhost ~]#
```

图 8-18　修改 MySQL 数据库 root 用户密码

(7) 创建并选择数据库 stuscore，数据库文件默认保存在 /var/lib/mysql 目录下。如图 8-19 所示，执行以下 SQL 语句：

```
mysql>create database stuscore;
```

```
mysql>use stuscore;
```

```
                          root@localhost:~                    _ □ ×
文件(F)  编辑(E)  查看(V)  搜索(S)  终端(T)  帮助(H)
[root@localhost ~]# mysql -u root -p
Enter password:
Welcome to the MariaDB monitor.  Commands end with ; or \g.
Your MariaDB connection id is 15
Server version: 5.5.64-MariaDB MariaDB Server

Copyright (c) 2000, 2018, Oracle, MariaDB Corporation Ab and others.

Type 'help;' or '\h' for help. Type '\c' to clear the current input statement.

MariaDB [(none)]> create database stuscore;
Query OK, 1 row affected (0.00 sec)

MariaDB [(none)]> use stuscore;
Database changed
MariaDB [stuscore]> ▊
```

图 8-19　创建数据库 stuscore

(8) 如图 8-20 所示，执行以下 SQL 语句创建 stu 表：

mysql>create table stu(sno varchar(7) not null,sname varchar(20) not null,ssex char(1) default

't',sbirthday date, sdepartment char(20),primary key (sno));

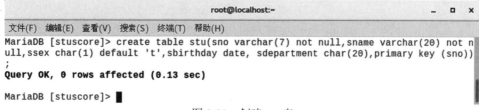

```
                          root@localhost:~                    _ □ ×
文件(F)  编辑(E)  查看(V)  搜索(S)  终端(T)  帮助(H)
MariaDB [stuscore]> create table stu(sno varchar(7) not null,sname varchar(20) not n
ull,ssex char(1) default 't',sbirthday date, sdepartment char(20),primary key (sno))
;
Query OK, 0 rows affected (0.13 sec)

MariaDB [stuscore]> ▊
```

图 8-20　创建 stu 表

(9) 如图 8-21 所示，执行以下 SQL 语句向 stu 表中插入记录：

mysql> insert into stu(sno, sname, sbirthday, sdepartment) values('040901', 'CJ', 19860623,
'information');

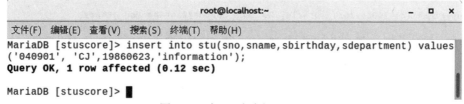

```
                          root@localhost:~                    _ □ ×
文件(F)  编辑(E)  查看(V)  搜索(S)  终端(T)  帮助(H)
MariaDB [stuscore]> insert into stu(sno,sname,sbirthday,sdepartment) values
('040901', 'CJ',19860623,'information');
Query OK, 1 row affected (0.12 sec)

MariaDB [stuscore]> ▊
```

图 8-21　向 stu 表中插入记录

(10) 创建一个 andrew 用户，密码为 123456，授予该用户对 stuscore 数据库拥有所有的权限，允许该用户能从任何主机连接数据库服务器，并能对其他用户进行再次授权。如图 8-22 所示，执行以下 SQL 语句：

mysql>grant all on *.* to andrew@'%' identified by '123456' with grant option;

```
                          root@localhost:~                    _ □ ×
文件(F)  编辑(E)  查看(V)  搜索(S)  终端(T)  帮助(H)

MariaDB [stuscore]> grant all on *.* to andrew@'%' identified by '123456' with grant option;
Query OK, 0 rows affected (0.13 sec)

MariaDB [stuscore]> ▊
```

图 8-22　授予 andrew 用户所有权限

(11) andrew 用户在客户机(IP：192.168.8.100)上登录 MySQL 服务器，创建 shiny 用户，并授权该用户对 stuscore 数据库中的 stu 表具有 select 权限，但仅局限于在 IP 为 192.168.8.110 上远程登录数据库。如图 8-23 所示，执行以下 SQL 语句：

mysql>grant select on stuscore.stu to shiny@'192.168.8.110' identified by '123456';

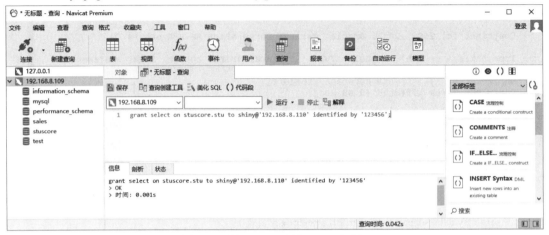

图 8-23　授予 shiny 用户 select 权限

(12) 如图 8-24 所示，shiny 用户在客户机(IP：192.168.8.110)上登录 MariaDB 服务器，对 stuscore.stu 成功执行以下查询语句：

mysql>select * from stu;

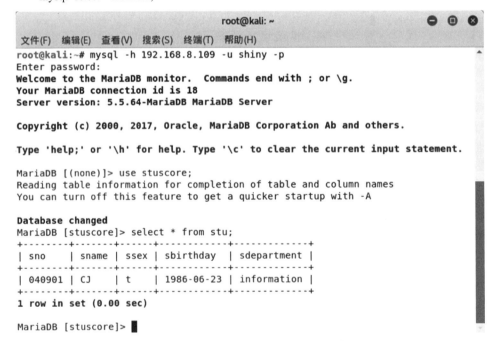

图 8-24　shiny 用户成功执行 select 语句

(13) 如图 8-25 所示，shiny 用户在客户机(IP：192.168.8.110)上登录 MariaDB 服务器，对 stuscore.stu 执行以下 insert 语句失败：

mysql>insert into stu(sno,sname,sbirthday) values('110630', 'LJX',20110322);

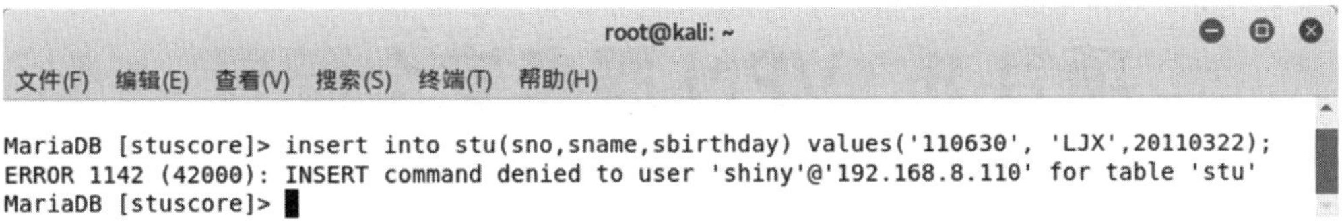

图 8-25　shiny 用户执行 insert 语句失败

# 练　习　题

1. 用于备份 MySQL 数据库的命令是(　　)。

A. mysqldump

B. source

C. mysql

D. mysqld

2. MySQL 普通用户拥有(　　)权限。

A. 全部权限

B. 部分权限

C. root 用户所分配的权限

D. 没有权限

3. 修改 dba 用户的密码为 1234，下列命令中(　　)是正确的。

A. set password for dba@localhost = password('1234')

B. set password for dba = password('1234')

C. set password('1234') for dba@localhost

D. set password for dba@localhost = password(1234)

4. MySQL 是一个多用户的数据库，下列(　　)是 MySQL 的用户。

A. root

B. administrator

C. 普通用户

D. root 和普通用户

5. 下列命令中，创建带有主机名的 user1 用户的是(　　)。

A. create user 'user1' @ 'localhost'

B. create user user1 @ localhost

C. create 'user' user1@localhost

D. create user user1@ 'localhost'

# 项目 9  VPN 服务安全配置

## 学习目标

本项目主要介绍有关 VPN 技术的基本概念、VPN 的类型、在 Linux 下架设 VPN 服务的方法以及常见 VPN 的安全控制方法。

## 9.1  VPN 原理

VPN(Virtual Private Network，虚拟专用网络)是一种网络新型技术，为人们提供了一种通过公用网络安全地对企业内部专用网络进行远程访问的连接方式。VPN 是专用网络的延伸，它模拟点对点专用连接的方式，通过 Internet 或 Intranet 在两台计算机之间传送数据，是"线路中的线路"，具有良好的保密性和抗干扰能力。虚拟专用网络是对企业内部网的扩展，可以帮助远程用户、公司分支机构、商业伙伴及供应商同公司的内部网建立可靠的安全连接，并保证数据的安全传输。

虚拟专用网络是使用 Internet 或其他公共网络，来连接分散在各个不同地理位置的本地网络，在效果上和真正的专用网一样。VPN 的工作原理如图 9-1 所示。

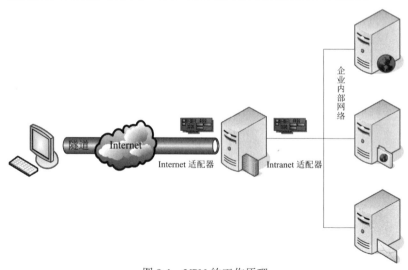

图 9-1　VPN 的工作原理

假设现在有一台主机想要通过 Internet 连入公司的内部网。首先该主机通过拨号等方式连接到 Internet，然后再通过 VPN 拨号方式与公司的 VPN 服务器建立一条虚拟连接，在建立连接的过程中，双方必须确定采用何种 VPN 协议和链接线路的路由路径等。当隧道建立完成后，用户与公司内部网之间要利用该虚拟专用网进行通信时，发送方会根据所使用的 VPN 协议，对所有的通信信息进行加密，并重新添加上数据报的报头封装成为在公共网络上发送的外部数据报，然后通过公共网络将数据发送至接收方。接收方在接收到该信息后也根据所使用的 VPN 协议，对数据进行解密。由于在隧道中传送的外部数据报的数据部分(即内部数据报)是加密的，因此在公共网络上所经过的路由器都不知道内部数据报的内容，从而确保了通信数据的安全。同时，也因为对数据报进行了重新封装，所以可以实现其他通信协议数据报在 TCP/IP 网络中传输。

## 9.2　VPN 应用

VPN 的实现可以分为软件和硬件两种方式。Windows 服务器版的操作系统以完全基于软件的方式实现了虚拟专用网，成本非常低廉。无论身处何地，只要能连接到 Internet，就可以与企业网在 Internet 上的虚拟专用网相关联，以便登录到内部网络浏览或交换信息。一般来说，VPN 使用在以下两种场合：

(1) 远程客户端通过 VPN 连接到局域网。总公司(局域网)的网络已经连接到 Internet，远程用户通过 Internet 连接总公司(局域网)的 VPN 服务器，并通过建立的 VPN 通道来安全地传送信息。

(2) 两个局域网通过 VPN 互联。两个局域网的 VPN 服务器都连接到 Internet，并且通过 Internet 建立 PPTP(Point to Point Tunneling Protocol，点对点隧道协议)或 L2TP(Layer 2 Tunneling Protocol，第二层隧道协议)的 VPN，它可以让两个网络之间安全地传送信息，不用担心在 Internet 上传送时泄密。

除了使用软件方式实现，VPN 的实现还需要建立在交换机、路由器等硬件设备上。目前，在 VPN 技术和产品方面，最具有代表性的有 Cisco、华为、深信服等公司。

要实现 VPN 连接，局域网内就必须先建立一个 VPN 服务器。并且 VPN 服务器必须拥有一个公共 IP 地址，一方面用来连接企业内部的专用网络，另一方面用来连接到 Internet。当客户机通过 VPN 连接与专用网络中的计算机进行通信时，先由 ISP 将所有的数据传送到 VPN 服务器，然后再由 VPN 服务器负责将所有的数据传送到目的计算机。

VPN 具有以下特点：

(1) 费用低廉。远程用户登录到 Internet 后，以 Internet 作为通道与企业内部专用网络连接，大大降低了通信费用，而且企业还可以节省购买和维护通信设备的费用。

(2) 安全性高。VPN 使用了三方面的技术(通信协议、身份认证和数据加密)，保证了通信的安全性。当客户机向 VPN 服务器发出请求时，VPN 服务器响应请求并向客户机发出身份认证请求，然后客户机将加密的响应信息发送到 VPN 服务器，VPN 服务器根据数据库检查该响应，如果账户有效，则 VPN 服务器接受此连接。

(3) 支持最常用的网络协议。由于 VPN 支持最常用的网络协议，所以诸如以太网、TCP/IP 和 IPX 等网络上的客户机都可以很容易地使用 VPN。不仅如此，任何支持远程访问的网络协议在 VPN 中也同样支持，这就意味着可以远程运行依赖于特殊网络协议的程序，从而减少了安装和维护 VPN 连接的费用。

(4) 有利于 IP 地址的安全。VPN 在 Internet 中传输数据时是加密的，Internet 上的用户只能看到公有的 IP 地址，而看不到数据包内专用的 IP 地址，因此保护了 IP 地址的安全。

(5) 管理方便灵活。构架 VPN 只需较少的网络设备和物理线路，无论分公司或远程访问用户，均只需通过一个公用网络接口或因特网的路径即可进入企业内部网络。公用网承担了网络管理的重要工作，关键任务是可获得所必需的带宽。

(6) 完全控制主动权。VPN 使企业可以利用 ISP 的设施和服务，同时又完全掌握着自己网络的控制权。比如说，企业可以把拨号访问交给 ISP 去做，而自己负责用户的查验、访问权、网络地址、安全性和网络变化管理等重要工作。

 **9.3    VPN 协议**

VPN 采用隧道技术通信，在创建隧道过程中，隧道的客户机和服务器双方必须使用相同的隧道协议。按照开放系统互联的参考模式，隧道技术可分为第二层隧道协议和第三层隧道协议两种。

**1. 第二层隧道协议**

第二层隧道协议使用帧为数据交换单位，PPTP、L2TP 都属于第二层隧道协议，它们都是将数据封装在 PPP(Public-Private Partnership，点对点协议)帧中通过互联网发送的。

1) PPTP

PPTP 是一种网络协议，通过跨越基于 TCP/IP 的数据网创建 VPN，实现了从远程客户端到专用企业服务器之间数据的安全传输。PPTP 支持通过公共主干网络建立按需的多协议的虚拟专用网。PPTP 允许加密 IP 通信，然后在跨越公司 IP 网络或公共 IP 网络发送的 IP 头中对其进行封装。

2) L2TP

L2TP 是一种工业标准 Internet 隧道协议，可以为跨越面向数据包的媒体发送点到点协议(PPP)框架提供封装。L2TP 允许加密 IP 通信，然后在任何支持点到点数据报交付的媒体上进行发送。

**2. 第三层隧道协议**

第三层隧道协议使用包作为数据交换单位，IPSec(Internet Protocol Security，Internet 协议安全性)属于第三层隧道协议，它是将 IP 包封装在附加的 IP 包头中通过 IP 网络传送。IPSec 是由 IETF 定义的一套在网络层提供 IP 安全的协议，它主要用于确保网络层之间的安全通信，该协议使用 IPSec 协议集保护 IP 网和非 IP 网上的 L2TP 业务。在 IPSec 协议中，一旦建立 IPSec 协议通信，在通信双方网络层上的所有协议都会被加密。

**9.4  配置 VPN 服务**

/etc/pptpd.conf 文件是 VPN 服务的主配置文件，/etc/ppp/chap-secrets 文件是账户配置文件，/etc/ppp/options.pptpd 文件用于设置在建立连接时的加密、身份验证方式和其他的一些参数设置。

**1. 配置主配置文件**

要使 VPN 服务器能正常工作，需要设置 localip 和 remoteip 两个参数的值。

1) localip

localip 参数用于在建立 VPN 连接后，设置 VPN 服务器本地的地址。VPN 客户端拨号后，VPN 服务器会自动建立一个 ppp0 网络接口供访问客户机使用，这里定义的就是 ppp0 的 IP 地址。

2) remoteip

remoteip 参数用于在建立 VPN 连接后，设置 VPN 服务器分配给 VPN 客户端的可用地址段，当 VPN 客户端拨号到 VPN 服务器后，服务器会从这个地址段中分配一个 IP 地址给 VPN 客户端，以便 VPN 客户端能访问内部网络。可以使用 "-" 符号表示连续的地址，使用 "," 符号隔开不连续的地址。下面是一个具体的配置实例：

```
localip 192.168.1.100                          #分配给 VPN 服务器的 IP 地址
remoteip 192.168.1.200-220,192.168.1.230-240   #分配给客户端的可用 IP 地址池
```

【注】为了安全起见，localip 和 remoteip 尽量不要设置在同一个网段。在上面的配置中一共指定了 32 个 IP 地址，当有超过 32 个客户同时进行连接时，超额的客户将无法连接成功。

**2. 配置账户文件**

/etc/ppp/chap-secrets 账户文件保存了 VPN 客户端拨入时所使用的用户名、密码和分配给该用户的 IP 地址，该文件中每个用户的信息为一行。其格式如下：

```
用户名 服务 密码 分配给该用户的 IP 地址
```

配置文件中的用户名、密码和分配给该用户的 IP 地址都要用双引号引起来，"服务"一般是 pptpd。下面是一个具体的配置实例：

```
#表示 tom 用户连接成功后，获得的 IP 地址为 192.168.1.221
"tom" pptpd "123456" "192.168.1.221"
#表示 jerry 用户连接成功后，获得的 IP 地址从可用 IP 地址池中随机分配
"jerry" pptpd "123456" "*"
```

**3. 配置连接参数文件**

/etc/ppp/options.pptpd 文件可以根据自己网络的具体环境设置，该文件各项参数及具体含义如下：

```
name pptpd              #相当于身份验证时的域，一定要和 /etc/ppp/chap-secrets 中的内容对应
refuse-pap              #拒绝 pap 身份验证
refuse-chap             #拒绝 chap 身份验证
refuse-mschap           #拒绝 mschap 身份验证
require-mschap-v2       #采用 mschap-v2 身份验证方式
require-mppe-128        #在采用 mschap-v2 身份验证方式时要使用 MPPE 进行加密
ms-dns 202.102.3.141    #给客户端分配 DNS 服务器地址
ms-wins 192.168.1.1     #给客户端分配 WINS 服务器地址
proxyarp                #启动 ARP 代理
```

# 任务 9　基于 PPTP 的 VPN 服务安全配置

 **实践目标**

(1) 掌握 VPN 的原理和使用的协议。
(2) 熟练完成企业 VPN 服务器的安装、配置、管理与维护。

VPN 服务配置

 **应用需求**

某企业需要架设一台 VPN 服务器，使公司的分支机构以及 SOHO 员工可以从 Internet 访问内部网络资源(Web 服务器、FTP 服务器和 Mail 服务器)。各服务器 IP 地址如下：

- Web 服务器 IP：192.168.8.102
- FTP 服务器 IP：192.168.8.103
- Mail 服务器 IP：192.168.8.104

公司网络拓扑结构如图 9-2 所示。

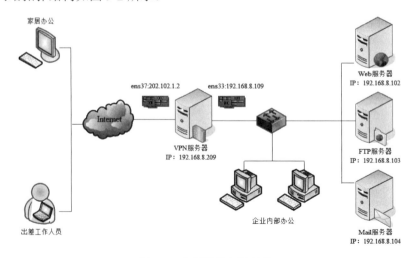

图 9-2　公司网络拓扑结构

 需求分析

公司的分支机构以及 SOHO 员工要从 Internet 访问内部网络资源,可以通过架设 VPN 服务器来解决。VPN 服务器配置两块网卡,IP 分别为:

- ens33:192.168.8.109/24
- ens37:202.102.1.2/24

其中,ens33 用于连接企业内部网络,ens37 用于连接 Internet。从 ISP 中获得公网的 IP 地址,在本任务中获得的 IP 为 202.102.1.2/24。

 解决方案

配置基于 PPTP 的 VPN 服务器的步骤如下:

(1) 在 Linux 服务器上,分别设置 ens33 和 ens37 两块网卡的 IP 地址,如图 9-3 所示。

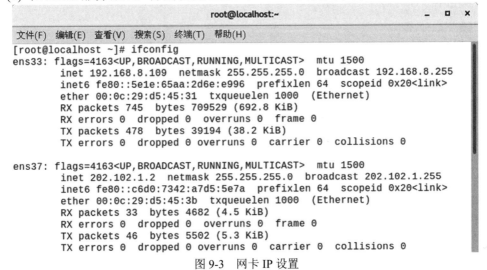

图 9-3　网卡 IP 设置

(2) 如图 9-4 所示,运行以下命令检测是否支持 PPTP:

[root@localhost ~]#modprobe ppp-compress-18 && echo ok

图 9-4　PPTP 检测

(3) 如图 9-5 所示,运行以下命令安装 PPP:

[root@localhost ~]#yum install ppp

图 9-5　安装 PPP

(4) 安装 pptpd。由于 Linux 自带的 yum 源中没有 pptpd，需要手工导入 EPEL 源，检查已添加到源列表中后更新源列表。如图 9-6 至图 9-8 所示，运行以下命令：

[root@localhost ~]#rpm -ivh http://dl.fedoraproject.org/pub/epel/epel-release-latest-7.noarch.rpm

[root@localhost ~]#yum repolist

[root@localhost ~]#yum install pptpd

图 9-6　导入 EPEL 源

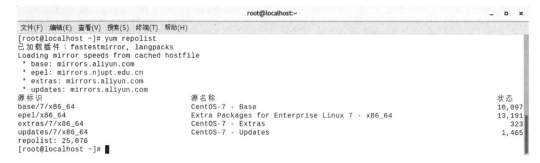

图 9-7　更新源列表

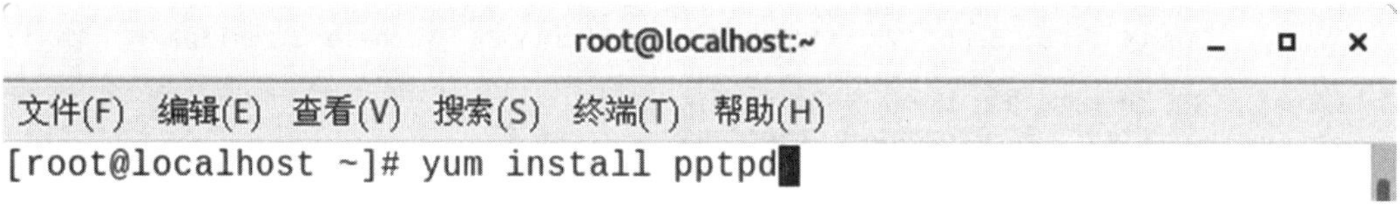

图 9-8　安装 pptpd

(5) 如图 9-9 所示，运行以下命令检测系统的 PPP 是否支持 MPPE 加密：

[root@localhost ~]#strings '/usr/sbin/pppd'|grep -i mppe|wc --lines

```
[root@localhost ~]# strings '/usr/sbin/pppd'|grep -i mppe|wc --lines
43
[root@localhost ~]#
```

图 9-9　检测是否支持 MPPE 加密

如果以上命令的输出为 0，则表示不支持；如果输出为 30 或更大的数字，就表示支持。

(6) 如图 9-10、图 9-11 所示，编辑 VPN 主配置文件 /etc/pptpd.conf，启用 options.pptpd 文件，并添加以下内容：

option /etc/ppp/options.pptpd                    #启用 options.pptpd 文件

localip 192.168.8.209                            #分配给 VPN 服务器的 IP 地址

remoteip 192.168.8.210-220,192.168.8.230-240     #分配给客户端的可用 IP 地址池

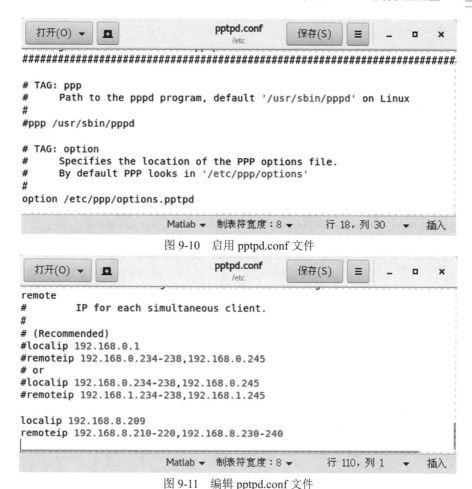

图 9-10   启用 pptpd.conf 文件

图 9-11   编辑 pptpd.conf 文件

(7) 如图 9-12 所示，添加以下内容来修改 /etc/ppp/chap-secrets 文件，为 VPN 用户设置登录密码及客户端获取的 IP 地址：

#andy 用户连接成功后，获得的 IP 地址为 192.168.8.218

"andy" pptpd "123456" "192.168.8.218"

#shiny 用户连接成功后，获得的 IP 地址从可用 IP 地址池中随机分配

"shiny" * "123456" "*"

图 9-12   修改 VPN 账户文件

(8) 如图 9-13、图 9-14 所示，增加以下内容来修改 /etc/ppp/options.pptpd 文件：

refuse-pap

refuse-chap

refuse-mschap

require-mschap-v2

require-mppe-128

ms-dns 192.168.8.109

ms-wins 192.168.8.109

```
# BSD licensed ppp-2.4.2 upstream with MPPE only, kernel module ppp_mppe.o
# {{{
refuse-pap
refuse-chap|
refuse-mschap
# Require the peer to authenticate itself using MS-CHAPv2 [Microsoft
# Challenge Handshake Authentication Protocol, Version 2] authentication.
require-mschap-v2
# Require MPPE 128-bit encryption
# (note that MPPE requires the use of MSCHAP-V2 during authentication)
require-mppe-128
# }}}
```

图 9-13　修改 VPN 连接参数文件(一)

```
# Network and Routing

# If pppd is acting as a server for Microsoft Windows clients, this
# option allows pppd to supply one or two DNS (Domain Name Server)
# addresses to the clients.  The first instance of this option
# specifies the primary DNS address; the second instance (if given)
# specifies the secondary DNS address.
#ms-dns 10.0.0.1
ms-dns 192.168.8.109

# If pppd is acting as a server for Microsoft Windows or "Samba"
# clients, this option allows pppd to supply one or two WINS (Windows
# Internet Name Services) server addresses to the clients.  The first
# instance of this option specifies the primary WINS address; the
# second instance (if given) specifies the secondary WINS address.
#ms-wins 10.0.0.3
ms-wins 192.168.8.109
```

图 9-14　修改 VPN 连接参数文件(二)

(9) 修改 /etc/sysctl.conf 文件内容，将 "net.ipv4.ip_forward=" 这行设置为 1，开启内核转发，系统在每次开机后能自动激活 IP 数据包转发功能，如图 9-15 所示。

```
# sysctl settings are defined through files in
# /usr/lib/sysctl.d/, /run/sysctl.d/, and /etc/sysctl.d/.
#|
# Vendors settings live in /usr/lib/sysctl.d/.
# To override a whole file, create a new file with the same in
# /etc/sysctl.d/ and put new settings there. To override
# only specific settings, add a file with a lexically later
# name in /etc/sysctl.d/ and put new settings there.
#
# For more information, see sysctl.conf(5) and sysctl.d(5).
net.ipv4.ip_forward=1
```

图 9-15　开启内核转发功能

(10) 如图 9-16 所示，执行以下命令来启用 sysctl.conf 文件中修改的内容：

　　　[root@localhost~]#sysctl -p /etc/sysctl.conf

图 9-16　启用 sysctl.conf 文件中修改的内容

(11) 编辑 /usr/lib/firewalld/services/pptpd.xml 文件，如图 9-17 所示。

图 9-17　修改 pptpd.xml 文件

(12) 设置 VPN 服务可以穿透 Linux 防火墙。

添加 pptpd 服务，命令如下：

　　　[root@localhost ~]#firewall-cmd --permanent --zone=public --add-service=pptpd

允许防火墙伪装 IP，命令如下：

　　　[root@localhost ~]#firewall-cmd --add-masquerade

开启 47 及 1723 端口，命令如下：

　　　[root@localhost ~]#firewall-cmd --permanent --zone=public --add-port=47/tcp

　　　[root@localhost ~]#firewall-cmd --permanent --zone=public --add-port=1723/tcp

允许 GRE 协议，命令如下：

　　　[root@localhost ~]#firewall-cmd --permanent --direct --add-rule ipv4 filter INPUT 0 -p gre -j
ACCEPT

　　　[root@localhost ~]#firewall-cmd --permanent --direct --add-rule ipv4 filter OUTPUT 0 -p gre -j
ACCEPT

设置规则允许数据包由 ens33 和 ppp+ 接口中进出，命令如下：

　　　[root@localhost ~]#firewall-cmd --permanent --direct --add-rule ipv4 filter FORWARD 0 -i ppp+ -o
ens33 -j ACCEPT

　　　[root@localhost ~]#firewall-cmd --permanent --direct --add-rule ipv4 filter FORWARD 0 -i ens33 -o
ppp+ -j ACCEPT

设置转发规则，对从源地址发出的所有包都进行伪装，改变其地址，由 ens33 发出，
命令如下：

　　　[root@localhost ~]#firewall-cmd --permanent --direct --passthrough ipv4 -t nat -I POSTROUTING -o
ens33 -j MASQUERADE -s 192.168.8.0/24

重启防火墙，命令如下：

[root@localhost ~]#firewall-cmd --reload

执行以上命令，如图 9-18 所示。

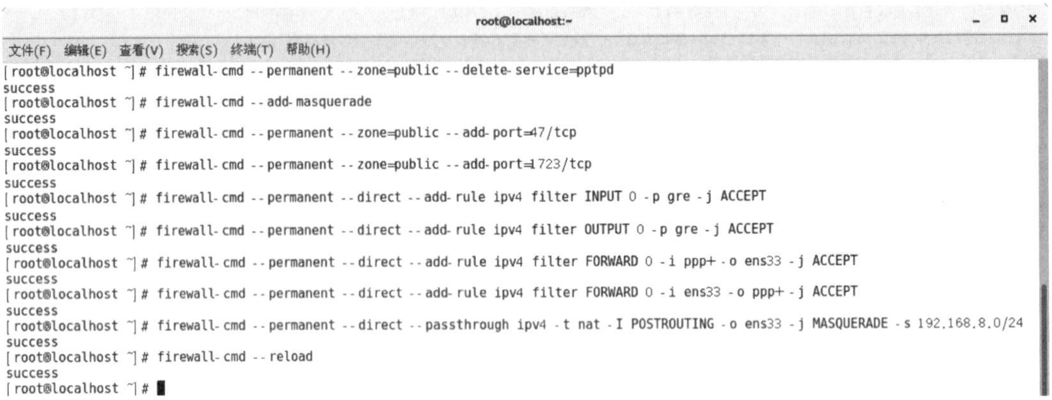

图 9-18    设置 VPN 服务可以穿透 Linux 防火墙

(13) 如图 9-19 所示，使用下面的命令重启 VPN 服务：

[root@localhost ~]#systemctl restart pptpd

图 9-19    重启 VPN 服务

(14) Windows 客户端测试。具体测试方法如下：

① 出差工作人员从 ISP 处获得 IP 地址为 202.102.1.1，在 Windows 系统下，打开"网络和 Internet"界面，选择"网络和共享中心"，如图 9-20 所示。

图 9-20    "网络和 Internet"界面

② 在"网络和共享中心"界面，选择"设置新的连接或网络"，如图 9-21 所示。

图 9-21　"网络和共享中心"界面

③ 在"设置连接或网络"界面，选择"连接到工作区"，如图 9-22 所示。

图 9-22　"设置连接或网络"界面

④ 在"连接到工作区"界面，选择"使用我的 Internet 连接(VPN)"，如图 9-23 所示。

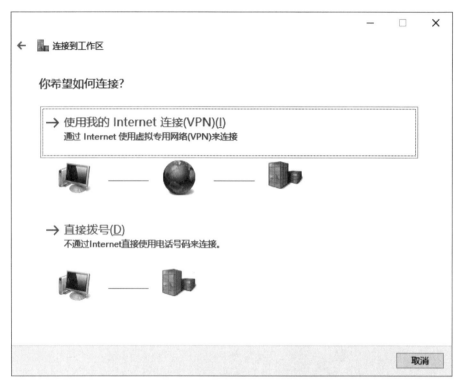

图 9-23    "连接到工作区"界面

⑤ 在"Internet 地址"处填入服务器 IP 地址"202.102.1.2",如图 9-24 所示。

图 9-24    键入要连接的 Internet 地址

⑥ 单击图 9-24 中的"创建"按钮,完成配置,如图 9-25 所示。

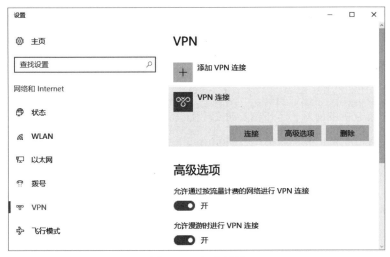

图 9-25　完成配置

⑦ 单击图 9-25 中的 "连接" 按钮，弹出 "登录" 对话框，如图 9-26 所示。输入上面配置的用户名 "andy" 和密码 "123456"，单击 "确定" 按钮。

图 9-26　用户认证

⑧ VPN 连接完成，如图 9-27 所示。

图 9-27　VPN 连接完成

⑨ 在客户端命令行中使用 ping 命令测试本机与 VPN 服务器的内网地址 192.168.8.109

和虚拟地址 192.168.8.209 的连通性，如图 9-28 所示。

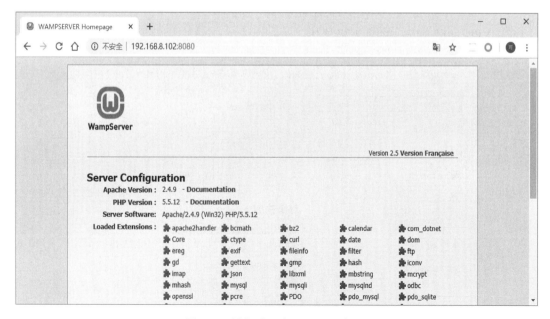

图 9-28   连通性测试

⑩ 客户端打开浏览器，访问 http://192.168.8.102:8080 公司内网 Web 服务器，如图 9-29 所示。

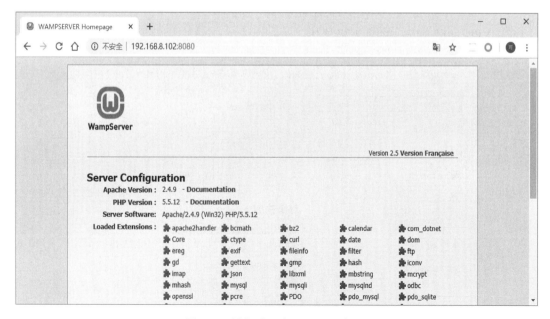

图 9-29   访问公司内网 Web 服务器

# 练 习 题

1. 给 VPN 用户设置登录密码及客户端获取的 IP 地址的配置文件是(    )。

A. /etc/ppp/chap-secrets

B. /etc/sysctl.conf

C. /etc/ppp/options.pptpd

D. /etc/pptpd.conf

2. 在 firewall 防火墙公共区域添加永久生效的 PPTP 服务的命令是(    )。

A. firewall-cmd --permanent --zone=public --add-service=pptpd

B. firewall-cmd --permanent --zone=public --add pptpd

C. firewall-cmd --permanent --zone=public --new pptpd

D. firewall-cmd --permanent --zone=public --new-service=pptpd

3. 在/etc/ppp/chap-secrets 文件中,设置 VPN 登录用户的 IP 地址为给定地址池中的任意 IP,使用的符号是(    )。

A. @

B. #

C. *

D. &

4. 查看 PPTP 服务状态的命令是(    )。

A. systemctl restart pptpd

B. systemctl stop pptpd

C. systemctl status pptpd

D. systemctl start pptpd

5. 配置 VPN 服务器本地 IP 地址和远程 IP 地址池的配置文件是(    )。

A. /etc/sysctl.conf

B. /etc/ppp/options.pptpd

C. /etc/ppp/chap-secrets

D. /etc/pptpd.conf

# 附录　练习题参考答案

项目 1

| 1 | 2 | 3 | 4 | 5 |
|---|---|---|---|---|
| C | B | B | C | D |

项目 2

| 1 | 2 | 3 | 4 | 5 |
|---|---|---|---|---|
| A | B | A | A | D |

项目 3

| 1 | 2 | 3 | 4 | 5 |
|---|---|---|---|---|
| B | D | B | C | C |

项目 4

| 1 | 2 | 3 | 4 | 5 |
|---|---|---|---|---|
| B | D | B | C | A |

项目 5

| 1 | 2 | 3 | 4 | 5 |
|---|---|---|---|---|
| B | D | B | B | C |

项目 6

| 1 | 2 | 3 | 4 | 5 |
|---|---|---|---|---|
| A | D | C | C | D |

项目 7

| 1 | 2 | 3 | 4 | 5 |
|---|---|---|---|---|
| A | C | B | D | C |

项目 8

| 1 | 2 | 3 | 4 | 5 |
|---|---|---|---|---|
| A | C | A | D | A |

项目 9

| 1 | 2 | 3 | 4 | 5 |
|---|---|---|---|---|
| A | A | C | C | D |

# 参 考 文 献

[1]　胡志明. Linux 操作系统安全管理[M]. 北京：电子工业出版社，2020.

[2]　孙中廷，解则翠. Linux 服务器配置与管理(CentOS 版)[M]. 西安：西安电子科技大学出版社，2020.

[3]　高志君. Linux 系统管理与服务器配置(基于 CentOS 7)[M]. 北京：电子工业出版社，2018.